PROF. DR. MANFRED LANGE

DIE PRAXIS DES INTERNATIONALEN MARKETING

EIN BLICK HINTER DIE KULISSEN DER GLOBALISIERUNG

FGM-Verlag

Verlag der FGM Fördergesellschaft Marketing e.V.

an der Ludwig-Maximilians-Universität München

Arbeitspapier zur Schriftenreihe SCHWERPUNKT MARKETING Band 208

Herausgeber: Univ.-Prof. Dr. Paul W. Meyer †/Univ.-Prof. Dr. Anton Meyer

Prof. Dr. Manfred Lange
Die Praxis des internationalen Marketing - Ein Blick hinter die Kulissen der Globalisierung
FGM-Verl., Verl. der Fördergesellschaft Marketing e.V., 2014
(Arbeitspapier zur Schriftenreihe Schwerpunkt Marketing; Bd. 208)
ISBN 978-3-940260-34-5

FGM Fördergesellschaft Marketing e.V. an der LMU München, Ludwigstr. 28 RG, 80539 München, www.marketingworld.de, Telefon 089/2180-2448, Telefax 089/2180-3322

Druck: Books on Demand GmbH, Norderstedt

ISBN 978-3-940260-34-5

„...proactive firms go international
because they want to,
while reactive ones go international
because they have to."

(Czinkota/Ronkainen, 1999, S. 285)

Vorwort des Herausgebers

Mehr als 10 Jahre hielt Prof. Dr. Manfred Lange an meinem Institut für Marketing Vorlesungen über die „Praxis des internationalen Marketing". Sie waren bei den Studentinnen und Studenten sehr beliebt, bekamen diese durch die vielen Fallbeispiele aus der aktuellen Unternehmenspraxis und die lebhafte Vortragsweise des Referenten doch interessante Einblicke in die „raue Wirklichkeit" des internationalen Marketing. Nachdem Prof. Lange seine Vorlesungen aus Altersgründen beendet hat, lag es nahe, den in all diesen Jahren vorgetragenen Stoff auch nachrückenden Studenten zur Verfügung zu stellen und seine Vorlesung als Manuskript zu veröffentlichen.

Wer sich als Studierender mit den internationalen Wirtschaftsbeziehungen und mit dem internationalen Marketing und Management auseinandersetzt, ist gut beraten, die theoretischen Erkenntnisse um die in diesem Buch aufgeführten konkreten Fallbeispiele und um die praktischen Erfahrungen des Autors zu ergänzen. Denn auf den ersten Blick scheint es eine schwierige Aufgabe zu sein, Produkte oder Dienste grenzüberschreitend zu vermarkten und damit womöglich die ganze Welt zu erobern, sind die Hürden dafür teilweise doch sehr hoch und sind die Verbraucherbedürfnisse in einzelnen Ländern doch nach wie vor sehr unterschiedlich. Der Autor weist auf Basis seiner persönlichen Erfahrungen und anhand vieler konkreter Beispiele jedoch nach, dass und wie es möglich ist, das eigene Angebot zu internationalisieren und auch für ein international breit aufgestelltes Unternehmen erfolgreich Marketing zu betreiben.

Die Kernfrage der internationalen Vermarktung ist dabei, ob man den weltweiten Verbrauchern mit individuellen, differenzierten Angeboten entgegenkommen sollte, oder ob es zugunsten höherer Effizienz bei der Leistungserstellung und Vermarktung möglich ist, dank standardisierter Angebote die Welt quasi als einen einheitlichen Markt zu behandeln und dadurch besonders kostengünstig anbieten zu können. Dies ist sicherlich von Branche zu Branche und Unternehmen zu Unternehmen sehr verschieden, gleichwohl lässt sich beobachten, dass man sich in der Wirtschaft zunehmend dem Ideal „transnationaler Strategien" annähert: Man standardisiert zwar die Angebote, um zugunsten steigender Effizienz Komplexität zu reduzieren und Kosten sowie Zeit zu sparen. Gleichzeitig passt man diese Angebote auf einzelnen Märkten aus Gründen der Effektivität an unterschiedliche Gegebenheiten an, sofern dies notwendig und sinnvoll erscheint. Umgekehrt gibt es ebenfalls eine ganze Reihe von Möglichkeiten, ohne große Zusatzkosten die Angebote zu differenzieren, wenn dies beispielsweise aus Gründen unterschiedlicher Preisbereitschaft der Konsumenten notwendig ist. Prof. Lange bezeichnet dies als das „Gesetz des internationalen Marketing", das sich auf alle Elemente einer internationalen Vermarktung anwenden lässt, seien es die Produktpolitik, der Vertrieb oder die Kommunikation.

Die Vor- und Nachteile von Standardisierungs und Differenzierungsstrategien werden in Zukunft auch in der betriebswirtschaftlichen Theorie verstärkt zu analysieren sein, zumal die Globalisierung, über deren Hintergründe und Treiber der Autor ebenfalls ausgiebig berichtet, durch das Internet und die Digitalisierung eine noch stärkere Dynamik erhalten wird. Es ist daher davon auszugehen, dass auch das internationale Marketing in Zukunft einen noch größeren Stellenwert in der Praxis wie in der Wissenschaft erhalten wird. Insofern ist es erfreulich, dass die aktuellen unternehmerischen Fragen in diesem

Zusammenhang vom Autor ausreichend beleuchtet und durch eine Vielzahl von Fallbeispielen belegt werden.

Für viele Studierende wird es besonders interessant sein, am Schluss dieses Buches nachzulesen, welche Voraussetzungen sie selbst mitbringen müssen, wenn sie international tätig werden wollen, und worauf sie sich bei Einsätzen im Ausland einzustellen haben, zumal davon auszugehen ist, dass immer mehr Aufgaben im Marketing in der Zukunft international ausgerichtet sein werden. Auch hier weist Prof. Lange nach, dass Auslandseinsätze trotz unterschiedlicher Sprachen und Kulturen relativ problemlos durchzuführen sind, wenn man die Bereitschaft mitbringt, die in einem fremden Land vorgefundenen Usancen zu verstehen und zu akzeptieren, ohne dabei jedoch die eigene Individualität und Herkunft aufzugeben bzw. zu verleugnen.

Studierende der Betriebswirtschaftslehre, und nicht nur die mit Schwerpunkt Marketing, sollten sich schon frühzeitig auf die Herausforderungen internationaler Aufgaben vorbereiten. Genau dafür ist dieses Buch ein guter Leitfaden, der möglicherweise sogar zu einer größeren Bereitschaft führt, eines Tages selbst im Ausland aktiv zu werden und einen eigenen Beitrag zur Globalisierung zu leisten.

Univ.-Prof. Dr. Anton Meyer
München, Juni 2014

Inhaltsverzeichnis

1. Einführung

Unsere heimische Wirtschaft ist nicht erst seit gestern eng mit dem Ausland verbunden und wird dies in Zukunft eher noch mehr sein. Die so genannte **Globalisierung** ist schon längst ein Faktum und greift in immer größere Lebensbereiche fast jeden Bürgers auf der Welt ein. Daran ändern auch gelegentliche Rückschläge, wie die während der Wirtschafts- und Finanzkrise Anfang dieses Jahrhunderts, ebenso wenig wie inzwischen wieder verstärkt aufkeimende internationale Handelsbeschränkungen oder politische Spannungen.

Die Ausweitung der Geschäftstätigkeit vieler Unternehmen auf den ganzen Globus habe ich im Laufe meines langen Berufslebens sozusagen „hautnah" miterlebt und mitgestaltet. Auf Basis dieser soliden beruflichen Erfahrungen im **internationalen Marketing** und **Management** habe ich zunächst am Institut für Marketing und Handel der **Universität St. Gallen**, Schweiz, und seit dem Jahr 2000 mehr als 13 Jahre lang am **Institut für Marketing** der **Ludwig-Maximilians-Universität** in **München** Vorlesungen gehalten über **„Die Praxis des Internationalen Marketing"** (in den ersten Jahren auf Englisch unter: „International Marketing: Practices and Cases"). Ziel war, den Studentinnen und Studenten der Betriebswirtschaftslehre die Inhalte dieses interessanten Stoffs wie auch die Hintergründe dieser beeindruckenden Entwicklung nahe zu bringen. Da es in Zukunft nur wenige Berufe in der Wirtschaft geben wird, die nicht direkt oder indirekt international vernetzt sind, schien es mir wichtig, Betriebswirte der Zukunft rechtzeitig auf die in der Praxis damit verbundenen Fragen und Probleme einzustimmen.

Umfassende berufliche Erfahrungen sind zwar kein Garant für lückenloses und abgesichertes Wissen, aber da ich seit Beendigung meines Studiums immer in international tätigen Unternehmen gearbeitet habe, ist ein **Erfahrungsschatz** zusammengekommen, der die Breite und Tiefe des zu behandelnden Themas doch recht umfangreich abdeckt. So habe ich meine berufliche Karriere zunächst als kaufmännischer **Lehrling**, also ganz unten in der Hierarchie, begonnen und ganz oben, als **Vorsitzender** der **Geschäftsführung**, beendet. Ich habe dabei sowohl in Konzern-**Zentralen** als auch in **Niederlassungen** internationaler Unternehmen gearbeitet, und dies in **amerikanischen**, **„Shareholder Value"**-getriebenen Unternehmen ebenso wie in traditionell geführten

deutschen Familienunternehmen. Ob es sich dabei um **Großunternehmen** oder um **mittelständische** Betriebe gehandelt hat: Ich war in meinen Berufsjahren genauso gern im **Inland** wie im **Ausland** (in **Italien** und in **Brüssel**) tätig, und dies immer mit den Schwerpunkten **Vertrieb**, **Marketing** und **General Management**. Zu den Tätigkeiten in den Unternehmen kam in all diesen Jahren eine Reihe **überbetrieblicher Aufgaben** hinzu, wie z.B. im Zentralverband der deutschen Werbewirtschaft (**ZAW**), im **Markenverband** sowie in der Bundesvereinigung der Deutschen Ernährungsindustrie (**BVE)**, die meinen beruflichen Horizont zu erweitern halfen.

Diese Bandbreite meiner - nicht nur internationalen - Erfahrungen, die ich in meinen Vorlesungen an die Studentinnen und Studenten weitergeben konnte, ließe sich leicht fortsetzen: Ich will damit nur deutlich machen, dass meine beruflichen Erfahrungen und Erkenntnisse keinesfalls einseitig ausgerichtet sind, was der Vielfalt der beim internationalen Marketing und Management auftretenden Fragen kaum gerecht würde.

Nach meiner Pensionierung kamen und kommen weitere interessante Erfahrungen im Ausland hinzu, so zum Beispiel meine Einsätze für den Senior Experten Service (**SES**), Bonn, in **China**, **Bulgarien, Mazedonien** und **Jordanien.** Damit ist sichergestellt, dass mein beruflicher Hintergrund keineswegs überholt zu werden droht, und die laufenden Veränderungen der Globalisierung auch in Zukunft meinen Erfahrungsschatz erweitern werden.

Ich werde mich in diesem Skriptum - wie auch in meinen Vorlesungen - jedoch keinesfalls ausschließlich auf die praktischen Fragen dieses Fachgebiets beschränken: Als ehemaliger **wissenschaftlicher Assistent** am damaligen „Seminar für Absatzwirtschaft" unter der Leitung von Prof. Dr. Dr. h.c. Robert **Nieschlag**, dem Vor-Vorgänger von Prof. Dr. Anton **Meyer** an der Ludwig-Maximilians-Universität in München, habe ich mich auch während meiner folgenden Berufsjahre der **Wissenschaft** eng verbunden gefühlt und während all dieser Jahre eine ganze Reihe von Aufsätzen zu verschiedenen Themen des Marketing veröffentlicht, zuletzt auch einige über das hier behandelte Thema (siehe dazu beigefügte Übersicht im Anhang).

Auch wenn hier sozusagen der Versuch gemacht wird, die **Theorie** mit der **Praxis**, d.h. **Wissen** und **Erfahrung** miteinander zu verbinden, stehen diese Ausführungen keineswegs im Range streng wissenschaftlicher Arbeiten oder gar in Konkurrenz zu diesen. Dieses Skriptum soll auch **kein Lehrbuch** sein, es soll im Gegenteil eher ein **„Erfahrungs- und Hintergrundbericht"** sein und die entsprechenden Lehrbücher und die wissenschaftlichen Arbeiten an den Universitäten um die praktischen, unternehmerischen Aspekte **ergänzen**. Ich sage dies nicht zuletzt wegen der mit diesem Ansatz möglicherweise nicht immer realisierbaren Einhaltung von „Zitierungspflichten in wissenschaftlichen Arbeiten": Wer aus einem jahrzehntelangen Gedächtnis heraus berichtet oder „allgemein bekannte und vielfach bestätigte Gedanken" zitiert (Blanke, Fehldiagnose Plagiatitis, SZ 10.8.2013), wird nicht immer exakt nachweisen können, woher einzelne Quellen ursprünglich stammen. Die in den Jahren meiner Vorlesungen zugrunde gelegte **Literatur** sowie daraus entnommene **Zitate** werden gleichwohl umfassend erwähnt.

In Form von knapp gehaltenen **„*Exkursen*"** werde ich zu Fragen und Problemen Stellung nehmen, die zwar eher Randthemen des internationalen Marketing sind, gleichwohl in diesem Zusammenhang von Interesse sein können.

Bei meinen Vorlesungen wie auch beim Schreiben dieses Skriptums habe ich mich an einer **„Tübinger Erklärung"** über sinnvolle Pädagogik an den (Hoch-)Schulen orientiert, wonach es bei der Vermittlung von Lerninhalten weniger auf spezielles Wissen als auf die **„Durchdringung des Wesentlichen"** ankomme. Die Lernprozesse sollten **„anschaulich-begeisternd"**, **„exemplarisch-verständlich"** und **„ästhetisch-mitreißend"** sein. Ich werde mich daher bei diesem Skriptum wie zuvor in meinen Vorlesungen

- auf die **praktische Relevanz** und **Verwertbarkeit** des Inhalts konzentrieren,
- dabei mehr auf das **„Wie?"** und **„Warum (nicht)?"** als auf das bloße **„Was"** fokussieren,
- eher meine **persönlichen** Management-**Erfahrungen**, **Praxisbeispiele** und **Fakten** zur Sprache bringen als Zitate aus der Literatur,

- mich weniger mit Investitionsgütern beschäftigen als vielmehr mit **Konsumgütern** (fmcg: fast moving consumer goods), da ich den erstgenannten Bereich persönlich zu wenig kennengelernt habe,
- mir erlauben, die zu behandelnden Themen nicht nur deskriptiv zu beschreiben, sondern durchaus auch **normativ** bzw. **subjektiv** zu **bewerten**,
- dabei nicht nur die Sonnenseiten internationaler Strategien, sondern auch deren **Schattenseiten** aufzeigen sowie über **Fehlentscheidungen** berichten, die sogar großen und größten internationalen Unternehmen unterlaufen,
- und mich mehr mit **aktuell(st)en** als mit historischen **Entwicklungen** beschäftigen. Dies erklärt auch die häufigen Zitate aus zeitnahen Berichten und Kommentaren der Wirtschaftspresse wie „Frankfurter Allgemeine" (FAZ), „Süddeutsche Zeitung" (SZ), „Handelsblatt", „Manager Magazin" „Financial Times Deutschland" (FTD), „Wirtschaftswoche" und aus der Wochenzeitung „Die Zeit". Zitierte **Unternehmen** werden im Text jeweils dick abgedruckt.

Letztlich soll mit dieser Ausarbeitung ein zeitgemäßer **„Blick hinter die Kulissen"** international tätiger Unternehmen geworfen werden, ein Blick, der oft aufschlussreicher ist als derjenige, der gern „vor den Kulissen", d.h. nach außen hin offiziell präsentiert wird. Hilfreich dafür waren überdies Vorträge von weiterhin **aktiven Managern** und Unternehmensführern, von denen ich im Laufe der Vorlesungen mehrere gebeten hatte, den für ihr Unternehmen eingeschlagenen Weg der Internationalisierung vorzustellen und diskutieren zu lassen (siehe dazu beiliegende Übersicht im Anhang). Auch diese Informationen fließen in dieses Skriptum ein.

Dabei werde ich weniger im Stil wissenschaftlicher Literatur formulieren als vielmehr in einer eher **populärwissenschaftlichen** Typik. Es gibt auch keine „Fußnoten", die den Lesefluss unterbrechen, diese sind jeweils in den laufenden Text integriert: Die Leser sollen gemäß dem generell gültigen **Marketing-Motto**:

„Der Köder muss dem Fisch schmecken und nicht dem Angler"

leichteren Zugang zu dem durchaus umfang- und inhaltsreichen Stoff erhalten. Dass ich dies auch in meinen Vorlesungen so gehalten habe, war vielleicht ein Grund dafür, dass deren Beurteilungen durch die Studenten durchwegs positiv waren.

Um die Erinnerung der Studenten an meine Aussagen zu verstärken und um den Lehr- und Lernstoff möglichst gut zu visualisieren, hatte ich in meinen Vorlesungen die **Powerpoint**-Technik verwendet und zur besseren Anschaulichkeit viele Graphiken und Bilder gezeigt, was in diesem Skriptum leider nicht möglich bzw. nicht geplant ist. Die wichtigsten zu den Charts gemachten **verbalen Aussagen** sind in diesem Skriptum jedoch enthalten. Ausgeschriebene Texte haben gegenüber bloßen Stichworten auf Powerpoint-Folien andererseits den Vorteil, dass die Inhalte noch besser verständlich gemacht und Missverständnisse eher ausgeschlossen werden können.

Die Globalisierung lebt und ist in ihren Auswirkungen noch keinesfalls am Ende ihrer Entwicklung angelangt. Insbesondere das **Internet**, die **Digitalisierung** und die **Vernetzung** von Mensch und Maschine („Industrie 4.0“) sind im Augenblick dabei, viele wirtschaftliche Prozesse buchstäblich auf den Kopf zu stellen und global ausgerichtete Strukturen und Prozesse zu ermöglichen, die zuvor undenkbar waren. Insofern sind auch die hier gemachten Aussagen einer weiteren Entwicklung und Veränderung unterworfen, so dass ich für Kommentare, Ergänzungen oder zusätzliche Anregungen jederzeit dankbar und unter DrManfredLange@aol.com per E-Mail erreichbar bin.

Zusammenfassend kann man sagen, dass sich dieses Skriptum recht gut in die Entwicklung meines gesamten Lebens einfügt, das den Gesetzmäßigkeiten folgt(e), die mir schon in jungen Jahren mit auf den Weg gegebenen worden waren:

*„Mit **10** musst Du was **lernen**, mit **20** was **wissen**, mit **30** was **können**, mit **40** was **sein**, und mit **50** was **haben!**“.*

Früher dachte oder plante man offenbar kaum über die 50 hinaus, so dass ich dieses „Pflichtenheft“ nunmehr ergänzen kann um:

*„Mit **60** musst Du was **lehren** und mit **70** was **schreiben!**“*

Dies sei hiermit geschehen: In den ersten Kapiteln muss ich natürlich zunächst einmal klären, was man sich unter dem **Begriff** „Internationales Marketing“ vorzustellen hat und welche artverwandten Begriffe in diesem Zusammenhang häufig benutzt werden. Auch ist zu begründen, ob das „Internationale Marketing“ eine eigenständige Disziplin der marktorientierten Betriebswirtschaftslehre ist oder nur ein Teilaspekt des generellen Marketing. Schließlich ist an dieser Stelle der Hinweis erforderlich, dass es bei der Internationalisierung der Unternehmen natürlich nicht nur um das Marketing geht.

Danach werde ich den Rahmen abstecken, innerhalb dessen sich die Internationalisierung von Unternehmen abspielt und dabei intensiv auf die **Globalisierung** eingehen, die zwar inzwischen nahezu alle Menschen auf der Welt – mal im positiven, mal im negativen Sinne – betrifft, über die aber nach wie vor ganz unterschiedliche, manchmal gar abenteuerliche Vorstellungen herrschen, was zumindest unter Absolventen der Wirtschaftswissenschaften vermieden werden sollte.

Nach der Beantwortung der Fragen nach dem, wie es in der amerikanischen Literatur heißt, **„How to Go International?“**, stehen die alternativen Strategien für das **„How to Be International?“** im Vordergrund, zumal sich die Fragestellungen z. T. gravierend unterscheiden, je nachdem, ob man sein Geschäft erst internationalisieren will oder ob man international bereits gut aufgestellt ist. Da ein Kernproblem des internationalen Marketing die Alternative **„Standardisierung** oder **Differenzierung“** ist, soll dieses Problem für einzelne Aktionsfelder gesondert behandelt werden.

Abschließend habe ich auch in meinen Vorlesungen immer gern die Fragen von interessierten Studentinnen und Studenten beantwortet, was sie denn im Falle einer eigenen **internationalen Karriere** voraussichtlich erwartet und welche Voraussetzungen sie dafür mitbringen müssen. Auch soll das Problem der Berücksichtigung unterschiedlicher **Kulturen** bei dieser Gelegenheit ausreichend behandelt werden.

In allen Kapiteln habe ich mich bemüht, nur die Aspekte des Marketing herauszugreifen, die mit grenzüberschreitenden, also internationalen Aktivitäten zusammenhängen. Wer aber ein **„Marketeer“** werden will, muss sich auch um das Wissen aus den übrigen, sozusagen „nationalen“ Bereichen bemühen. Dies ist schon deshalb zu empfehlen, weil ich mich auch in diesem Skriptum auf nur einige wenige Problemkreise beschränken werde, insbesondere auf diejenigen, die sich in meiner beruflichen Praxis als die Wichtigsten herausgestellt haben. Dies kann im Einzelfall, d.h. in anderen Branchen oder unter anderen Voraussetzungen durchaus unterschiedlich erlebt und gewichtet werden.

Letztlich glaube oder hoffe ich, dass ich mit diesem Skriptum eine Lücke in der vorhandenen Literatur über das internationale Marketing schließen, interessierte Studentinnen und Studenten über das „What“ und „How“ dieser faszinierenden Disziplin informieren und vielleicht auch einige junge Menschen dazu motivieren kann, selbst eine internationale Karriere anzustreben.

2. Was ist „internationales Marketing”?

2.1 Die verschiedenen Begriffe

Der Begriff **„international“** ist nach überwiegender Auffassung die Überschrift oder der **Sammelbegriff** für alle Arten **grenzüberschreitender** Phänomene oder Maßnahmen, so dass alle wirtschaftlichen Aktivitäten, die nur innerhalb der Grenzen eines Nationalstaates erfolgen, bei dieser Untersuchung unter den Tisch fallen können: **„Lokales“** (oder „örtliches“) Marketing wie auch **„nationales“** Marketing finden per definitionem ausschließlich innerhalb von Landesgrenzen statt und sind daher natürlich nicht inter-national, auch wenn diese ebenfalls häufig internationalen Einflüssen ausgesetzt sind.

Anders sieht es mit dem **„regionalen“** Marketing aus, wenn sich diese Regionen nicht nur innerhalb einer Nation – dann gehören sie nicht dazu – befinden, sondern sich aus mehreren Nationen zusammensetzen. So beobachtet man in Unternehmen häufig zu Beginn internationaler Tätigkeiten grenzüberschreitende Aktivitäten in unmittelbarer Nachbarschaft der bearbeiteten Länder, so wie zum Beispiel in der Region **D-A-CH:** Deutschland (D)–Österreich (A)–Schweiz (CH), in **Iberia**: Spanien und Portugal, in **Benelux**: Belgien, Niederlande, Luxemburg, in **Nordic**: Dänemark, Schweden, Norwegen, Finnland oder in **Nord Amerika**: Kanada, USA, Karibik. In der Finanzbranche werden gern auch weit auseinander liegende Länder zu einer „Region“ zusammengefasst (wie **BRICS** aus **B**rasilien, **R**ussland, **I**ndien, **C**hina und **S**üdafrika), die, was das Investitionsklima und die erwarteten Wachstumsraten anbelangt, für Kapitalanleger ähnlich günstige Voraussetzungen bieten.

Auch wenn man argumentieren könnte, dass diese ausschließlich nachbarschaftlichen Aktivitäten aus einem Unternehmen noch kein internationales machen, so gehören diese doch, wie wir sehen werden, zwangsläufig in diesen Untersuchungsbereich. Denn der Begriff „international“ ist nicht an eine Mindestanzahl von bearbeiteten Ländern gebunden. Allerdings wird man fordern können, dass die hier behandelten grenzüberschreitenden Aktivitäten nicht nur marginal, vorübergehend oder punktuell sein sollten. Andernfalls passt der (internationale) Anzug nicht zur (geringen) Größe des Trägers. Aber auch wenn man neben dem Heimatmarkt nur einen zusätzlichen Markt bearbeitet, muss man Probleme berücksichtigen, die aus der Internationalität an sich herrühren, und die deutlich machen, dass „internationales Marketing" eben mehr ist als nur die bloße Addition verschiedener nationaler Marketing-Aktivitäten. Würden sich zum Beispiel das „Marketing in Frankreich", das „Marketing in England", das „Marketing in Spanien" etc. einfach nebeneinanderreihen lassen, ohne dass das eine mit dem anderen in irgendeiner Beziehung stünde, wäre „internationales Marketing" kein eigenständiges Thema.

Internationales Marketing ist in der Tat nicht nur dadurch gekennzeichnet, dass es ***„in more than one nation"*** (Ghauri/Cateora, 2005) bzw. ***„in mehr als einem Land"*** stattfindet (Meffert/Bolz, 1998). Auch würde zur Klassifizierung des internationalen Marketing als **eigenständige Disziplin** nicht genügen, dass internationales Marketing eben umfassender, komplexer, unsicherer, riskanter etc. ist als nationales Marketing, denn auch dieses kann durchaus komplex und riskant sein. Dennoch sagen Czinkota/Ronkainen (2001, S. 5): *„The basic principles of marketing still apply, but their applications, complexity and intensity vary substantially".*

Backhaus/Büschgen/Voeth (2010) haben zu Recht herausgearbeitet, dass es die **Rückkopplungen** („feedbacks") von einem Land zum anderen sind, die dem internationalen Marketing eine eigenständige Positionierung verleihen. So ist einerseits eine enge Abstimmung der jeweiligen nationalen Aktivitäten erforderlich, da diese sich gegenseitig bedingen und beeinflussen können. Andererseits kommt es beim Management internationaler Unternehmen nicht nur auf die Ergebnisse der einzelnen Länder an, sondern darauf, **für alle Länder insgesamt** das beste **Ergebnis** zu erzielen. Das kann in dem einen oder anderen, rein national zu lösenden Problem durchaus zu deutlichen Veränderungen der eingesetzten Mittel wie auch der jeweiligen Ergebnisse führen.

Dies kann zum Beispiel bedeuten, dass in einzelnen Ländern zugunsten der internationalen Gesamtlösung **suboptimale Lösungen** akzeptiert werden müssen. So war vor einigen Jahren in der Wirtschaftspresse die Überschrift zu lesen: *„Deutsche Filialen in China leiden mit,"* und im Untertitel: *„Sparvorgaben aus den Zentralen in der Heimat machen ihnen zu schaffen",* worunter zu verstehen war, dass während der Finanzkrise die dortigen Filialen vieler westlicher Unternehmen den internationalen Sparvorgaben der Zentralen unterworfen wurden, obwohl darunter die Ausschöpfung des weiterhin kräftig wachsenden chinesischen Marktes zu leiden hatte (o. V., Deutsche Filialen leiden in China mit, SZ 6.8.2009). Ohne derartige Sparmaßnahmen hätten diese Unternehmen in China deutlich bessere Ergebnisse erzielen können, isoliertes nationales Marketing hätte darauf keine Rücksicht nehmen müssen. Dass sich diese Art der Internationalisierung der Risiken auch negativ auf die Motivation örtlicher Manager niederschlagen kann, die unter solchen Umständen in ihrem „Lauf" buchstäblich „gebremst" werden, ist nur allzu verständlich.

Zentes/Swoboda/Schramm-Klein (2010) unterscheiden vier Arten derartiger Rückkopplungen:

1. **Anbieterbezogene** Rückkopplungen werden von den beteiligten Unternehmen selbst verursacht, d.h., die Maßnahmen eines Anbieters in einem Land beeinflussen die Entscheidungen desselben Unternehmens in anderen Ländern, zum Beispiel bei der Preispolitik oder – wegen vorhandener oder befürchteter „spill-over"-Effekte – bei grenzüberschreitend wirksamer Werbung.
2. **Nachfragebezogene** Rückkopplungen werden, wie der Name sagt, von den Nachfragern (Konsumenten, industrielle Abnehmer) in anderen Ländern erzeugt, beispielsweise durch Reimporte von Produkten, die in anderen Ländern billiger verkauft werden.
3. **Konkurrenzbezogene** Rückkopplungen beinhalten die (Re-) Aktionen der Wettbewerber in einem Land, die auf das Verhalten des Anbieters in einem anderen zurückzuführen sind oder sie zu Reaktionen herausfordern. Ein Beispiel dafür ist die Einführung konkurrierender Produkte in einem Land, um auf den Wettbewerb in einem anderen zu reagieren.
4. Schließlich sind es auch überbetriebliche **Institutionen** (wie EU, WTO etc.), die unternehmerische Entscheidungen auslösen, die bei Aktivitäten in nur einem Land nicht nötig oder nicht betroffen gewesen wären, zum Beispiel Subventionen zur Ankurbelung der Wirtschaft in benachteiligten Regionen.

Es gibt nur einen Begriff, der auf die Anzahl der bearbeitenden (oder zu bearbeitenden) Märkte hinweist, nämlich das sogenannte **„globale"** Marketing.

Dies ist insofern eine spezielle Strategie des internationalen Marketing, als man sich hier von vorneherein die **gesamte Welt** als Betätigungsfeld ausgesucht hat und diese möglichst mit einer einheitlichen Strategie und einer zentralen Organisation bearbeitet oder bearbeiten möchte. Dazu gehören auch die **„born globals"**, also Unternehmen, die, ob sie es wollen oder nicht, quasi von Geburt an global aufgestellt sind: Das sind natürlich in erster Linie Firmen, die ihre Produkte (oder Dienstleistungen) über das **„world wide web"** (www) anbieten. Typische Vertreter dieser per definitionem „globalen" Strategie sind häufig die Anbieter innovativer elektronischer Produkte, die überall auf der Welt in gleicher Art nachgefragt und in allen Ländern mehr oder weniger unverändert angeboten werden können, wie z.B. Produkte von **Microsoft, Apple** oder **Sony**.

Damit kommen wir zu einer weiteren Gruppe von internationalen Begriffen, die nicht auf die Art oder Anzahl der bearbeiteten Märkte abstellen, sondern auf die Art und Weise, wie dies geschieht. **„Multinationales"** Marketing zum Beispiel impliziert, dass es keine übergeordnete internationale Strategie gibt, sondern eine mehr oder weniger große Anzahl von Filialen, die „ihre" Märkte selbständig und oft auch sehr unterschiedlich bearbeiten. Dieses multinationale Marketing war zu Beginn der Globalisierung übrigens nicht unüblich: In den Zimmern der Inhaber oder Vorstandsvorsitzenden solcher Unternehmen fanden sich in derart ausgerichteten Unternehmen zumeist Weltkarten, auf denen mit unterschiedlich gefärbten Fähnchen markiert wurde, in welchem Land man mit welchen, oft sehr unterschiedlichen Aktivitäten vertreten war. Das konnten eine einmalige Exportlieferung genauso sein wie selbständige Niederlassungen oder Aktivitäten, die keinesfalls weltweit, sondern nur in einzelnen Ländern durchgeführt wurden. Man war auf die internationale Präsenz des eigenen Unternehmens per se stolz und weniger darauf, ein und dasselbe Produkt mit einer womöglich einheitlichen Strategie überall auf der Welt anzubieten.

Begriffe wie „Weltmarktführer" gab es zu dieser Zeit nur selten. Beispiele für die Anwendung multinationaler Marketing-Strategien gibt es aber auch noch heute, so zum Beispiel in Firmen wie **Dr. Oetker** oder **General Electrics**, deren internationale Strategie im Wesentlichen daraus bestand oder besteht, die jährlichen Investitionsbudgets (z.B. für Anlage-Investitionen oder Marketing-

Budgets) möglichst sinnvoll zu verteilen und am Ende des Jahres die unterschiedlichen Ländererergebnisse zu einer Summe zusammenzuaddieren.

Bezogen auf die Art und Weise der Bearbeitung internationaler Märkte gibt es seit über 40 Jahren eine bemerkenswerte Klassifizierung von Howard **Perlmutter** (Kutschker/Schmid, 2004). Er unterscheidet poly-, regio-, ethno- und geozentrische Strategien.

Die ersten beiden Begriffe decken sich mit den bereits diskutierten Strategien. Die **polyzentrische** Strategie ist identisch mit der multinationalen Strategie: Man ist zwar international aufgestellt, bearbeitet diese Märkte aber nicht mit einer einheitlichen Strategie. Selbiges gilt für **regiozentrische** Strategien, die allenfalls in einzelnen Regionen einheitlich vorgehen. Hinter solchen Strategien kann durchaus Methode stecken, beispielsweise dann, wenn man mit nationalen Angeboten die örtlich unterschiedlichen Geschmäcker besser treffen will, so wie dies bei den internationalen Brauereien der Fall ist. So lautet beispielsweise die Vision von **Interbrew** *"to become the world's best local brewer".* Ob das als „lokal“ angebotene Bier letztlich von einem weltweit aufgestellten Unternehmen produziert und verkauft wird, spielt da nur eine untergeordnete Rolle, im Gegenteil: Man geriert sich gerne als „lokaler Produzent“ oder „Anbieter aus der Region“ und spricht nicht unbedingt gern darüber, dass man mit der Summe der eigenen „Lokalbrauereien“ letztlich doch wieder die ganze Welt abdecken möchte.

Interessant wird es bei der Definition der **ethnozentrischen** Strategie: Hier bietet ein Hersteller die Produkte im Ausland an, die sich bereits in seinem Heimatland bestens bewährt haben. Daher nennen sie Zentes/Swoboda/Schramm-Klein (2010) auch „Stammland-Orientierung“, in englischen Lehrbüchern bezeichnet man sie als die „home country orientation“. Bekannteste Beispiele dafür sind die beiden großen amerikanischen Unternehmen **Coca-Cola** und **McDonald's.** Auf keines der von diesen Unternehmen angebotenen Produkte (koffeinhaltige Softdrinks bzw. Hamburger) hat die Welt gewartet, aber aus Gründen, die später noch genauer zu analysieren sind, hatten sie überall, wo sie angeboten wurden, Erfolg, sogar in muslimischen Ländern. Voraussetzung für den Erfolg dieser ethnozentrischen Strategie ist natürlich, dass sich diese nunmehr weltweit vertriebenen Produkte zuvor im Stammland auch wirklich bewährt haben, denn umgekehrt wird man mit der Überlegung *„im Inland hat's zwar nicht funktioniert, gehen wir damit also ins Ausland"* kaum erfolgreich sein.

Bei der **geozentrischen** Strategie wird zwar u. U. auch die ganze Welt anvisiert, aber nicht etwa mit Produkten, die landestypische Wurzeln haben, sondern die eigens für den Weltmarkt konzipiert sind: **Starbucks**, **IKEA** und **Hennes & Mauritz** sind dafür Belege: Sie entwickeln Produkte, Dienste oder Kollektionen, die – jedenfalls von bestimmten Zielgruppen – überall auf der Welt gleichermaßen nachgefragt werden. Für sie heißt das Motto für das internationale Marketing: *„The world is one single market!"*

Bleibt noch das **„transnationale"** Marketing zu erläutern, zu dessen Erklärung man weiter ausholen muss: Jede der beschriebenen Strategien hat Vor- und Nachteile, letztere insbesondere dann, wenn man zu dogmatisch vorgeht und jedwede Anpassung der Produkte an ortsübliche Gewohnheiten oder Geschmäcker ablehnt. Genau dies geschah aber in den Anfangszeiten der geo- und ethnozentrischen Eroberungen der Welt. Was zu Hause bei den Verbrauchern gut ankam oder was eigens für die gesamte Welt entwickelt wurde, musste einfach auch der gesamten Welt gefallen! Diese Strategien stießen im Laufe der Zeit allerdings an ihre (Wachstums-)Grenzen. Nach und nach hat man erkannt, dass es durchaus von Vorteil sein kann, die Produkte bei Bedarf örtlich zu variieren oder zu ergänzen, um den jeweiligen Konsumentenbedürfnissen oder Konkurrenzverhältnissen noch besser gerecht werden und so die einzelnen Märkte noch besser ausschöpfen zu können.

Eben dies wird mit der transnationalen Strategie versucht, die daher nicht zu Unrecht oft als *„the best of all strategies"* bezeichnet und mit der Abkürzung **„glokal"** auch passend beschrieben wird: *„**Glo**bal denken, lo**kal** handeln!"*. Man hat zwar den gesamten Globus im Visier, ist jedoch bereit, die Strategien lokal bei Bedarf zu variieren. Transnationale Firmen gehen nach dem Motto vor: *„So viel (weltweite) Standardisierung wie möglich, so wenig (örtliche) Differenzierung wie nötig".* Sie versuchen, **globale Effizienz** (z.B. sparsamste internationale Strukturen) mit **lokaler Effektivität** (z.B. bestmögliche Marktausschöpfung vor Ort) zu verbinden.

So formulierte Hans **Lindenberg**, früherer CEO von Unilever Deutschland und Vorsitzender des Markenverbands auf dem MMM-Kongress am 14. Februar 2005 in München:

„Globale Größe und lokale Marktnähe müssen sich nicht gegenseitig ausschließen. Um erfolgreich zu sein, benötigen Sie beides.“

Gute Beispiele für transnationale Strategien liefern internationale Lebensmittelkonzerne wie **Nestlé** und **Unilever**, was insofern nicht überrascht, als die Geschmäcker in vielen Ländern nach wie vor zum Teil recht unterschiedlich sind. Damit wird auch deutlich, dass die Frage der weltweit zu praktizierenden Marketing-Strategie auch **branchenabhängig** ist: Flugzeugbauer wie **Boeing** oder **Airbus** werden kaum eine transnationale oder gar polyzentrische Strategie wählen und für jedes Land unterschiedliche Flugzeuge bauen, wenngleich bekannt ist, dass deren Innenausstattungen sehr wohl von Abnehmer(land) zu Abnehmer(land) variieren können bzw. sollen.

Transnationales Marketing scheint somit das **„role model“** für zukünftiges Auftreten auf den Weltmärkten zu sein oder zu werden, während die übrigen Strategiealternativen entweder historisch bedingt überholt sind oder zugunsten größerer Wachstumsraten auf den Weltmärkten obsolet werden. Deshalb verändern auch die ursprünglich streng geozentrischen oder ethnozentrischen Unternehmen zunehmend ihre ursprüngliche Ausrichtung, weil sie sehen, dass sie mit einer verstärkten Anpassung ihrer Standards an lokale Abweichungen letztlich mehr erreichen können. So ergänzt **McDonald's** in verschiedenen Ländern seine Produkte zunehmend um lokal besonders beliebte Speisen, zuletzt in Vietnam einen Burger aus dem dort besonders beliebten Schweinefleisch (che, Burger für Vietnam, FAZ 11.2.2014), während **Coca-Cola** in vielen Ländern mit örtlich besonders beliebten (Soft)drinks versucht, Umsatz und Gewinn weiter zu steigern.

Der Begriff **„supranationales Marketing“**, den **Meffert/Burmann/Becker** (2010) in der Neuauflage ihres Buchs über das „Internationale Marketing-Management“ in die Diskussion eingeführt haben, meint ein regionales Marketing in einem genau definierten Raum (wie in der EU, NAFTA, ASEAN, etc.) und damit eine Art Spezialform des internationalen Marketing. Dabei ist der Begriff „supranational" doch eher der politischen Ebene entlehnt und bezieht sich auf Organisationen oder Maßnahmen, die den einzelnen Nationen sozusagen „übergeordnet" sind (supra (lat.) = über). „Inter" national hingegen meint Aktivitäten zwischen (inter (lat.) = zwischen) den Nationen oder nationalen Unternehmen, die ihre Verantwortung keinesfalls an übergeordnete Instanzen abgeben wollen.

Zusammenfassend bedeutet nach dem hier vorgetragenen Verständnis internationales Marketing,

- die Bearbeitung der **Absatzmärkte** grenzüberschreitend und schließlich über die ganze Welt **auszudehnen**,
- die **Potenziale** internationaler Märkte, so gut es geht, zu erkennen und **auszuschöpfen**,
- **Produkte**, **Serviceleistungen** und **Preise** entsprechend örtlicher Konsumgewohnheiten und Konkurrenzverhältnisse zu **optimieren**,
- die eingesetzten **Ressourcen** dort zu **allokationieren**, wo der Output am höchsten ist bzw. wo die eigenen Ziele am besten erreicht werden,
- auf mögliche **„Rückkopplungen"** von einem Land zum anderen zu achten,
- **suboptimale** Ergebnisse in einzelnen Ländern zugunsten des größten Gesamtergebnisses zu akzeptieren,
- dafür geeignete, möglichst effiziente internationale **Organisationen** zu installieren,
- um auf diese Art und Weise das gesamte (internationale) **Unternehmensziel** möglichst gut zu erfüllen.

Die beschriebene **räumliche** (regionale bzw. regiozentrische) oder **strategische** Vorgehensweise (multinationale, poly-, ethno-, geozentrische bzw. transnationale) wird dabei oft **gleichzeitig** (z.B. in verschiedenen Regionen) oder **sukzessive** (zunächst polyzentrisch, später transnational) praktiziert. Welche dieser Strategien gewählt wird, hängt letztlich davon ab, auf welche Art und Weise man für das Unternehmen insgesamt die besten Ergebnisse erzielen kann oder glaubt, erzielen zu können. Oft genug ist zu beobachten, dass Unternehmen aus rein emotionalen oder historischen Gründen an Strategien festhalten, die weltweit möglicherweise nicht die besten Ergebnisse ermöglichen.

Dies gilt im Übrigen für alle am Markt zu beobachteten (Marketing-)Strategien. Was auch immer in der Wirtschaft verkündet, getan oder unterlassen wird, muss nicht automatisch immer auch die jeweils beste Lösung für das Unternehmen sein! Häufig liegt es an Widerständen im eigenen Unternehmen, sei es von den Managern selbst oder z.B. von den Betriebsräten oder Gewerkschaften, dass rechtzeitige Anpassungen an Veränderungen im Markt realisiert werden. Ohnehin tun sich (fast) alle Menschen mit Veränderungen ihrer Gewohnheiten schwer. Derartige „Mauern im Denken und Verhalten" einzureißen und ein Unternehmen für notwendige Veränderungen sogar zu begeistern, ist mit die schwierigste Aufgabe eines Managers oder eines Unternehmers. Aber es wäre ja auch schlimm, wenn es in einem Unternehmen, besonders für eine neue Führung, nicht immer wieder genügend Spielraum für Veränderungen und / oder Verbesserungen gäbe nach dem Motto: *„Das Bessere ist der Feind des Guten!"*.

2.2 Internationales Marketing und internationales Management

Auf eine eigene **Definition** dessen, was **Marketing** selbst bedeutet, soll hier verzichtet werden. Solche Definitionen finden sich in jedem einschlägigen Lehrbuch, wo sie zumeist etwas unterschiedlich ausfallen (Meyer/Davidson, 2001). Letztlich beinhalten all diese Definitionen die Beschreibung einer am **Markt**, sprich: an den Bedürfnissen der **Kunden – ausgerichteten Unternehmenspolitik**.

In der Literatur wie in der Praxis wird der Stellenwert, der dem Marketing im Rahmen der gesamten Unternehmenspolitik zugeschrieben wird, unterschiedlich definiert. Während die einen sagen oder schreiben, Marketing sei die wichtigste Funktion im Unternehmen, relativieren andere diese Hervorhebung und weisen darauf hin, dass auch die übrigen Funktionen wie Produktion oder Finanzen für den Unternehmenserfolg gleichermaßen wichtig sind. In der Praxis kann man diese unterschiedliche Bewertung oft an der unterschiedlichen organisatorischen Einordnung der „Marketing-Abteilung" ablesen. Das allein reicht aber zur Beurteilung nicht aus, ob ein Unternehmen letztlich „marketing driven" ist oder nicht. Richtig ist es in jedem Fall, im Marketing nicht eine – womöglich isolierte – unternehmerische Funktion zu sehen, sondern eine **Einstellung**, die sich überall im Unternehmen niederschlagen sollte, unabhängig davon, wo oder wie das Marketing als Funktion oder Abteilung eingeordnet ist. Eine Markt- und Kundenorientierung kann oder sollte vom Pförtner über den Einkauf und die Produktion bis hin zum Verkauf reichen: Der Kunde wird es einem danken! Und ohne zufriedene Kunden kann kein Unternehmen auf Dauer existieren.

Überzeugte Marketeers hört man daher zu Recht immer wieder sagen:

„Marketing ist nicht alles, aber ohne Marketing ist alles nichts!".

Damit ist gemeint: Produkte oder eine Dienstleistungen können noch so innovativ und attraktiv sein: Ob sie erfolgreich vermarktet werden, hängt nicht selten ausschließlich vom geeigneten Einsatz absatzpolitischer Instrumente wie Preispolitik, Werbung und Distribution ab.

Teilfunktionen des internationalen Marketing, die hier noch ausführlich behandelt werden, sind zum Beispiel die (internationale) Produktpolitik, Preispolitik, Werbung, Sponsoring, Marktforschung, Forschung und Entwicklung, etc.. Aus der Beschreibung all dieser Funktionen und ihrer Bedeutung könnte wiederum der Eindruck entstehen, bei der Internationalisierung käme es einzig und alleine auf diese Bereiche an. Dabei soll jedoch nicht vergessen werden, dass in einer erfolgreichen internationalen Unternehmensführung auch die übrigen Unternehmens-Funktionen unverzichtbar und „kriegsentscheidend" sind, angefangen natürlich beim **„content"**, das heißt beim Produkt selbst, das von einem Techniker erfunden sein kann, der von Marketing noch nie etwas gehört hat. Auch die übrigen unternehmerischen Funktionen tragen nicht unwesentlich zum Unternehmenserfolg bei, wie zum Beispiel die **Produktion**, der **Einkauf**, die **Logistik** (zunehmend zusammengefasst unter dem Label **„supply chain"**), die **Verwaltung**, **Finanzierung**, **„Inverstor's Relations"** bis hin zur **Personalpolitik**. All diese Funktionen und Aufgaben erhalten durch die Internationalisierung der Unternehmen zumeist eine neue Struktur und neue Aufgaben.

So interessant die Entwicklungen auf diesen Feldern auch sind, sie können hier nicht weiter vertieft werden. Es soll aber zumindest betont werden, dass diese

Fragestellungen und Problemkreise im Rahmen des **„internatonalen Managements"** eine gründliche Berücksichtigung und Erforschung verdienen. Ein Beispiel: Während in früheren Zeiten Fragen der Finanzierung zumeist in den Hinterzimmern örtlicher Banken gestellt und beantwortet wurden, kommt man heute – übrigens auch als rein nationales Unternehmen – nicht umhin, sich internationaler und z.T. völlig neuartiger Finanzierungsquellen zu bedienen. Diese Probleme allein verdienen, mit wissenschaftlichen Studien und eigenen Vorlesungen bearbeitet zu werden, was an den Universitäten inzwischen auch regelmäßig geschieht.

Dabei ist auch auf die **Interdependenzen** dieser Teilfunktionen hinzuweisen: So besteht zum Beispiel ein enger Zusammenhang zwischen der **Personalpolitik** und dem internationalen Marketing. Unter dem Stichwort **„diversity"** versucht man, parallel zu den internationalen Absatzbemühungen die Welt auch intern mit internationalen Managern und Mitarbeitern abzubilden, und dies mit der Absicht, dadurch die Regeln des Weltmarktes noch besser verstehen, noch qualifizierteres Personal gewinnen und international noch bessere Ergebnisse erzielen zu können. Da hier auch die Frage der unterschiedlichen **Kulturen** ins Spiel kommt, sollen am Ende dieser Ausarbeitung auch die damit zusammenhängenden Fragen angesprochen werden (Vgl. Kap. 9).

<u>Exkurs</u>: Zur Relevanz klassischer Außenhandelstheorien

Obwohl ich mich als Betriebswirt auf diesem volkswirtschaftlichen Forschungsgebiet zugegebenermaßen auf sehr dünnem Eis bewege, erlaube ich mir doch die Meinung, dass für die Relevanz, d.h. für die Erklärung und Prognose internationaler Wirtschaftsbeziehungen im allgemeinen und des internationalen Managements und Marketing im Besonderen die klassischen Außenhandelstheorien nur einen Randbedeutung – wenn überhaupt – erzielt haben. Diese – nicht nur für die Praxis betrübliche Erfahrung – korreliert jedoch nicht mit dem Ausmaß wissenschaftlicher Diskussionen derartiger Theorien. Wobei die Frage, ob es den „homo oeconomicus" nun gibt oder nicht, nur eine Scheindebatte ist: Derartige, auf „ceteris paribus" und „rationales Verhalten" aufbauende wirtschaftswissenschaftliche Theorien erklären ohnehin immer nur einen kleinen Ausschnitt der Wirklichkeit auf den (internationalen) Märkten.

Ein Beispiel: In fast jedem Lehrbuch über internationale Wirtschaftsbeziehungen werden die Theorien von David Ricardo ausführlich behandelt. Ein Grund dafür ist sicherlich, dass sich Ricardo Anfang des 19. Jahrhunderts als einer der ersten

Theoretiker mit dem Außenhandel beschäftigt hat. Ein weiterer Grund mag darin liegen, dass sich seine Theorien sehr gut in mathematische Formeln kleiden und vortragen lassen. Sein Theorem der komparativen Kostenvorteile aber, nach dem zum Beispiel England bei der Produktion von Stoffen durchaus Wettbewerbsvorteile hat, obwohl die Kosten dafür höher sind als in Portugal, wo aber vergleichsweise billigerer Wein produziert werden kann, hat niemandem auf der Welt wirklich geholfen. Warum auch: Schließlich sind die Produzenten – in diesem Beispiel die von Wein und Stoffen – keine Staaten, sondern Unternehmen, die zumeist nach ganz anderen Gesetzmäßigkeiten funktionieren (Samuelson, 2001; Samuelson, 2004).

Anders sieht es möglicherweise bei der Außenhandelstheorie von Paul Krugmann aus, der 2008 sicherlich nicht zu Unrecht den Nobelpreis für Wirtschaft bekommen hat. Allein seine Fragestellung, warum die Schweden eigentlich BMW's importieren, wenn sie doch gleichzeitig VOLVO's herstellen und exportieren – was der Theorie von Ricardo völlig widerspricht – zeigt, dass er mit seinem Ansatz zumindest auf der richtigen Spur ist.

Die Diskussion über die Relevanz nicht nur dieser volkswirtschaftlichen Theorien wurde in der letzten Zeit – spätestens seit dem Nichterkennen der Gefahren der Immobilienblase in den USA und der Ursachen der Finanzkrise – in aller Öffentlichkeit so heftig geführt, dass ich mich hierbei gerne zurückhalten kann. Unterstützen möchte ich jedoch die Forderung, dass es dringend nötig wäre, gerade auch für den Außenhandel und die internationalen Austauschbeziehungen geeignete(re) theoretische Grundlagen zu erarbeiten. Dass die Aussagen und Prognosen von volkswirtschaftlichen Wissenschaftlern von den Verantwortlichen in Wirtschaft und Politik aber nach wie vor ernst genommen und deren Ratschläge oft sogar umgesetzt werden, macht die Dringlichkeit dieser Problematik nur noch deutlicher (Vgl. Horn, Sklavenhalter der Zukunft, FAZ 1.3.2013).

Zusammenfassung

Internationales Marketing hat nicht nur viele Facetten, sondern ist auch ein eigenständiges Lehrfach: Die Überschreitung nationaler Grenzen bei der Produktion oder beim Verkauf in fremden Ländern erzeugt Fragestellungen und Probleme, die eine spezifische Erforschung und Diskussion verdienen. Und da Marketing hier als eine ganzheitliche, alle Funktionen beeinflussende Einstellung und Ausrichtung des Unternehmens aufgefasst wird, kann es nicht ausbleiben, dass im folgenden auch Bereiche berührt werden, die auch das generelle Management eines marktorientierten Unternehmens betreffen. Dies soll in den folgenden Kapiteln im Einzelnen dargestellt werden.

3. Internationales Marketing & Globalisierung

Die Globalisierung ist sowohl ein **mikroökonomisches** wie auch ein **makroökonomisches** Phänomen. In der Tat sind es nicht nur **Unternehmen**, die sich über Einkauf, Vertrieb und Produktion in aller Welt Gedanken machen: Auch die **Staaten** sind bestrebt, aus dieser Entwicklung für ihre Bürger möglichst viele Vorteile zu erzielen bzw. damit verbundene Nachteile zu vermeiden.

Deshalb ist es auch für die Unternehmen nicht unwichtig, sich mit den **politischen Rahmenbedingungen** der Globalisierung auseinanderzusetzen. In der gebotenen Kürze sollen daher auch diese beleuchtet werden. Dabei sollen neben der historischen Einordnung die Fragen geklärt werden, ob die Globalisierung nur ein wirtschaftliches Phänomen ist oder ob es weitere Dimensionen der Globalisierung gibt, wer die eigentlichen Treiber der Globalisierung sind, und ob die Globalisierung – gesamt- und einzelwirtschaftlich gesehen – letztlich gut oder schlecht ist.

3.1 Historischer Hintergrund der Globalisierung

Schon zu Urzeiten, also noch vor Christi Geburt, zu Hoch-Zeiten der **Ägypter**, **Griechen** und **Römer**, gab es in gewissem Rahmen **grenzüberschreitenden Handel**. Im Laufe der Zeit wurde er intensiver: Im 12. Jahrhundert bediente die norddeutsche **Hanse** die Städte entlang der Ostseeküste, zwei Jahrhunderte später befuhr **Marco Polo** die sogenannte „Seidenstraße“, exportierte Agrargüter, Glas und Edelmetalle nach China, um sich dafür Gewürze, Seide und Porzellan einzuhandeln. Wenn er denn überhaupt dort war: Neuere Forschungen wollen beweisen, dass er allenfalls bis nach Istanbul gekommen sei und viele seiner interessanten Reiseberichte schlichtweg erfunden habe (Bayard, 2013).

Die damaligen Geschäfte waren logischerweise nahezu ausschließlich **Tausch-(Barter-)Geschäfte**. In späteren Jahrzehnten betrieben die **Fugger** und **Welser** intensiv internationalen Handel, während die **Medici** begannen, im Ausland zu **investieren** und **Verkaufsbüros** in Europa zu begründen. Im 19. Jahrhundert schließlich explodierte der internationale Handel im Zusammenhang mit der **Kolonialisierung**. Berühmt wurde die englische **„East-India-Company“**, die bis weit in das 20. Jahrhundert hinein die Bevölkerung Europas mit exotischen Produkten belieferte. Nicht zu vergessen sind die **amerikanischen** und **englischen Unternehmen**, die im 19. Jahrhundert zunächst in internationale Bergwerke investierten, später dann die Welt mit Dienstleistungen und Banken überzogen, wobei man inzwischen über die Rolle der Letztgenannten in der Welt nicht wirklich glücklich ist (Kutschker/Schmid, 2004).

All dies ist im wahrsten Sinne des Wortes „Historie", es hat mit der Globalisierung, von der wir heute sprechen, nur wenig zu tun. Dieser Begriff tauchte zwar bereits 1961 in einem englischsprachigen Lexikon auf, der Begriff der **wirtschaftlichen Globalisierung** aber wurde erst 1983 von Theodore **Levitt** (1983) benutzt. Die Globalisierung im engeren Sinne schließlich hat erst nach dem **9.11.1989** eine im wahrsten Sinne des Wortes „weltweite" Bedeutung erlangt, nach dem **Fall der Mauer** also, da die Welt zuvor in zwei Hemisphären unterteilt war und weltweite Unternehmen typischerweise entweder nur in der „kapitalistischen" westlichen oder der „kommunistischen" östlichen Welt tätig werden konnten, selten aber in beiden gleichzeitig.

Inzwischen spricht man davon, die Welt sei ein **„globales Dorf"** geworden (**McLuhan/Powers**, 1995) oder eine **„Scheibe"** (**Friedmann**, 1999), womit ausgedrückt werden soll, dass es auf der Welt kaum noch Handelsbeschränkungen gibt und somit quasi jeder überall auf der Welt genauso tätig werden kann wie in seiner unmittelbaren Nachbarschaft. Auch wenn das, wie wir sehen werden, nach wie vor nicht ganz stimmt und in dieser Reinheit vielleicht nie erreicht werden wird, so ist doch festzuhalten, dass die Globalisierung so, wie wir sie heute mit all ihren Vor- und Nachteilen beobachten können, ein noch recht **junges Phänomen** ist.

3.2 Die Dimensionen der Globalisierung

Die Globalisierung immer nur unter **ökonomischen** Aspekten zu begreifen und zu diskutieren, greift zu kurz. Denn wenn man die wirtschaftliche Globalisierung beispielsweise einschränken oder gar verhindern will, sollte man auch berücksichtigen, dass die Globalisierung im weitesten Sinne auch andere Dimensionen hat, die nichts mit der Wirtschaft zu tun haben. Dazu gehören die Entwicklungen in der **Technik**, der **Kultur**, der **Touristik**, des **Sports**, der **Politik**, des **Militärs**, der **Ökologie** sowie im **Sozialbereich**. Beispiele dafür sind u.a. das ohnehin nicht national einzugrenzende **Internet**, die international so beliebte **Musik**, **Filme** mit weltweit bekannten und beliebten **Stars**, **Sportveranstaltungen** wie Weltmeisterschaften und Olympiaden, überregionale **Klimakonferenzen**, der weltweite **Tourismus** mit zunehmenden Teilnehmern aus Asien, insbesondere aus China, die **Migration** von Teilen der Weltbevölkerung und besonders die sich weltweit angleichenden internationalen **Lebensstile**, die unter dem Stichwort **„Konvergenz"** diskutiert werden.

Auf all diese verschiedenen Dimensionen der Globalisierung kann hier nicht detailliert eingegangen werden. **Zusammenfassend** kann man sagen:

- Globalisierung meint das **Zusammenwachsen** und die zunehmende **Verflechtung** aller Länder, Institutionen, Unternehmen und Menschen auf dieser Welt.
- Die Globalisierung hat viele **Dimensionen** und kann nicht nur auf seine **ökonomischen** Aspekte beschränkt werden. Es gibt ebenso vielfältige **technische**, **ökologische**, **kulturelle**, **politische** und **soziale** Entwicklungen, die zwar typischerweise nicht unter dem Begriff der Globalisierung diskutiert werden, gleichwohl aber dazu gehören, weil immer mehr Länder ihre Grenzen öffnen, sich immer weniger Länder von anderen abschotten, immer mehr Menschen auf der Welt in andere Länder umziehen bzw. miteinander Handel treiben und auch als Touristen überall unterwegs sind.
- Die Globalisierung ist nicht statisch, die verschiedenen, oft parallel verlaufenden Prozesse sind **dynamisch**, relativ **autonom**, haben unterschiedliche **zeitliche Dimensionen**, **Ursachen**, **Treiber** und **Konsequenzen**.
- Diese verschiedenen Entwicklungs-Prozesse können sich gegenseitig **verstärken** oder **abschwächen** und sogar im **Konflikt** zueinander stehen. So ist durchaus denkbar, dass sich manche dieser internationalen Prozesse, zum Beispiel diejenigen in der Kultur, sogar einmal gegen eine tiefer gehende Globalisierung wenden werden.
- Man kann bei der Globalisierung eine **Ausweitung** beobachten ("widening" / „enlargement"), wenn immer mehr Länder oder Bereiche davon betroffen oder begünstigt sind, oder aber eine **Vertiefung** ("deepening"),

wenn gewisse Lebensbereiche weltweit immer stärker vernetzt oder integriert werden.

Die Globalisierung ist also ein **mehrdimensionales** und **vielschichtiges Faktum** und ist – unwahrscheinliche Entwicklungen wie neue länderübergreifende Kriege oder unermessliche Naturkatastrophen ausgeschlossen – wohl kaum mehr zu stoppen. Insofern ist es nur logisch, dass sich insbesondere die Unternehmen dieser Tendenz stellen, sie antizipieren und versuchen müssen, sich verstärkt international aufzustellen, ihre Aktivitäten auf möglichst viele Länder der Welt auszudehnen, um so zusätzliche Umsätze und Gewinne zu generieren und ihre Wettbewerbsvorteile zu verteidigen oder gar auszubauen.

3.3 Die Diskussion der Globalisierung

Dennoch wird diese erst im Entstehen begriffene und wohl kaum revidierbare Globalisierung bereits heftig und kontrovers diskutiert. Prof. Edgar **Grande** von der LMU in München hat im Sommer 2006 in seiner Vorlesung über „Staat und Globalisierung“ die verschiedenen Arten der Diskussion über die Globalisierung wie folgt beschrieben:

- **Negation**: Die Globalisierung in diesem Sinne gäbe es eigentlich gar nicht, die einzelnen Nationen blieben nach wie vor selbständig und unabhängig voneinander.
- **Historisierung**: Die Globalisierung sei so neu auch wieder nicht, grenzüberschreitenden Warenaustausch habe es schon immer gegeben.
- **Fundamentale Kritik**: Die Globalisierung sei von Grunde auf schlecht und sollte unbedingt bekämpft werden. Die Nationalstaaten verlören ihre Macht, die Gesellschaften würden einseitig ökonomisiert.
- **Relativierung**: Die Globalisierung sei so schlecht auch wieder nicht und könne ohnehin nicht mehr gestoppt werden.
- **Systematische Analyse**: Die Globalisierung sei weder nur gut noch nur schlecht und müsse nur besser analysiert und gesteuert werden.

Inzwischen ist die Diskussion über die Globalisierung weitergegangen. Denn selbige systematische Analyse hat rasch ergeben, dass die Globalisierung in der Tat sowohl **Gewinner** als auch **Verlierer** produziert. Was liegt da näher, als die Opfer eben dieser Entwicklung mit Hilfe von

- **Kompensationen** zu entschädigen. So hat z.B. die **EU** 2006 einen sogenannten **„Globalisierungsfonds"** mit einem jährlichen Budget von 500 Mio. € aufgelegt, Mittel, mit denen wegen der Globalisierung arbeitslos gewordene Arbeitskräfte entschädigt und für andere Berufe weitergebildet werden sollen. Das Problem war und ist offenbar nur, genau herauszufiltern, ob die zu entschädigenden Menschen tatsächlich nur wegen der Globalisierung oder womöglich aus völlig anderen Gründen arbeitslos geworden sind, z.B. aufgrund unternehmerischer Fehlentscheidungen. So ist nicht überraschend, dass von den 272 Mio. €, die von der **EU** von 2009 bis 2011 ausgeschüttet wurden, nur 20% echten „Globalisierungsopfern" zugutekamen. 80% gingen an Menschen, die ihre Arbeitsplätze letztlich wegen der internationalen Wirtschaftskrise verloren hatten (hmk., Bilanz des Globalisierungsfonds, FAZ 5.9.2012).

So oder so wird man sich in Zukunft verstärkt mit den **Folgen** der Globalisierung auseinandersetzen müssen. Denn ob die Globalisierung eines Tages völlig gestoppt oder teilweise zurückgedreht werden kann, und ob es je wieder zu einer

- **Re-Nationalisierung** kommen wird, ist zu bezweifeln, jedenfalls für die meisten Länder unseres Planeten. Gleichwohl sind in vielen Ländern zunehmende **„buy local"**-Aufrufe und Aktivitäten zu beobachten, die ein Gegengewicht zur Globalisierung schaffen wollen und versuchen, den Verbrauchern verstärkt wieder heimische Produkte nahe zu bringen, deren Produktion mit der Schaffung oder Erhaltung lokaler Arbeitsplätze verbunden ist. Auch islamisch geprägte Länder scheinen derzeit aus **religiösen** Gründen eher an einer Abschottung denn an einer Öffnung ihrer Gesellschaften interessiert zu sein.

Immerhin zeigt diese Debatte der Globalisierung, dass man mit der **Verteilung** der **Erfolge** der Globalisierung auf die einzelnen Länder und Völker nicht ganz zufrieden ist und aus den außenwirtschaftlichen Ungleichheiten auf Dauer größere Probleme für die Weltwirtschaft heraufdämmern sieht. Die Diskussion über das „richtige Ausmaß" von Globalisierung ist also noch längst nicht am Ende: So überraschte im Oktober 2010 der damalige US-Finanzminister Timothy **Geithner** die Teilnehmer der **G 20**-Konferenz erstmals mit der Forderung nach einer

- **„globalen Wirtschaftssteuerung"**. Dahinter verbirgt sich der Wunsch, einen „gerechten" Ausgleich zu schaffen zwischen Ländern mit einem **Exportüberschuss** und solchen mit einem **Importüberschuss**, letztlich also zwischen den investierenden, exportierenden und sparenden Nationen (wie China, Deutschland, Japan, Südkorea) einerseits und den konsumierenden, importierenden und sich verschuldenden Nationen (wie USA, Frankreich, England, Griechenland, Spanien) andererseits. Die Außenhandelsüberschüsse sollten zugunsten eines weltweiten Optimums auf ein noch festzulegendes Maß begrenzt werden. Im Oktober 2013 wiederholte das amerikanische Finanzministerium diese Forderung, verbunden mit dem Vorwurf, das Wachstum der Binnennachfrage in Deutschland sei *„blutarm"* und die anhaltenden Exportüberschüsse Deutschlands führten zu einer *„deflationären Verzerrung im Euroraum wie auch in der Weltwirtschaft"* (pwe., Washington wirft Deutschland „blutarme Binnennachfrage" vor, FAZ 1.11.2013).

Wie dieses Ungleichgewicht beseitigt werden kann oder wird, bleibt spannend. Denn wie soll es gelingen, die Exporte eines Landes wie Deutschland gezielt zu reduzieren, sind *„die Überschüsse ... kein Ergebnis staatlicher Steuerung, sondern eine Folge marktwirtschaftlicher Entscheidungen von Konsumenten, Arbeitnehmern oder Unternehmen, die täglich überlegen, wofür sie ihr Geld ausgeben oder ob sie es lieber sparen wollen"* (Steltzner, Dummer Exportweltmeister, FAZ 6.3.2014). Dass eine Reduzierung des Exports und eine Steigerung der Binnennachfrage, z.B. durch Erhöhung der Löhne und Gehälter, sogar zu kontraproduktiven Ergebnissen führen könnten und die vorgeblich zu schützenden Länder u.U. selbst darunter leiden würden, hat Michael Grömling nachgewiesen (Grömling, Unnötiger Streit über die Handelssalden, FAZ 7.6.2013).

Bei der Disqualifizierung unerwünschter Exporte darf u.a. nicht übersehen werden, dass den (steigenden) Exporten zum Beispiel aus Deutschland ebenso (steigende) Importe nach Deutschland entsprechen, es letztlich also auf den

Leistungsbilanz-Überschuss ankommt, und dass in vielen Exportprodukten auch eine ganze Reihe von Vorleistungs- und Zwischenprodukten steckt, die ebenfalls importiert werden (jpen./ppl., Deutschland hat den größten Überschuss der Welt, FAZ 15.1.2014). Dies hat den Ökonomen Hans-Werner **Sinn** zur Erfindung des Begriffs einer **„Basarökonomie"** veranlasst (Plickert, Neues von der Basarökonomie, FAZ 23.9.2013). Um mehr Transparenz in diesen Aspekt der Globalisierung zu erhalten und um die Diskussion darüber zu versachlichen, versuchen nun die Organisation für wirtschaftliche Zusammenarbeit und Entwicklung (**OECD**) zusammen mit der Welthandelsorganisation (**WTO**), die jeweiligen Anteile in den Wertschöpfungsketten und Handelsströmen präziser zu erfassen und so zu einer genaueren Beurteilung der globalen Waren- und Dienstleistungsströme zu kommen (loe, OECD will Handel anders berechnen, FAZ 18.1.2013; Plickert, Neues von der Basarökonomie, FAZ 23.9.2013).

Bei dieser Herausarbeitung der „wahren Globalisierung" könnte im Übrigen auch das bewährte Qualitätssiegel **„Made in Germany"** unter die Räder kommen, denn wenn sich immer stärker abzeichnet, dass von den in Deutschland hergestellten Produkten nur ein kleiner Teil hier produziert wurde, wird man dieses Etikett auf Dauer nicht mehr problemlos akzeptieren wollen. Deshalb ist die **Europäische Kommission** derzeit auch bestrebt, für derartige Deklarationen striktere Regeln einzuführen und für international hergestellte Produkte passendere neue Begriffe einzuführen, am besten gleich solche, die nur auf die EU und nicht auf das einzelne Mitgliedsland hinweisen, um zu vermeiden, dass einzelne Länder sozusagen „im Licht", andere hingegen „im Schatten" der Weltwirtschaft stehen (hmk., Neuer Angriff auf „Made in Germany", FAZ 18.10.2013). Inzwischen überstrahlen aber ohnehin die Images von Produktmarken die von Nationen: „**Made by** Mercedes" oder „**Made for** Audi" wurden wichtiger als die ohnehin zunehmend obsoleten Hinweise auf die Produktionsländer.

Die Idee einer immer häufiger geforderten

- **„gerechte(re)n Globalisierung"** klingt gleichwohl nicht schlecht, wie überhaupt das Streben nach größerer (Verteilungs-)Gerechtigkeit zunehmend die Agenda der politisch Verantwortlichen auf der ganzen Welt bestimmt. Aber wie soll „Gerechtigkeit" eigentlich genau definiert werden, und wie kann man weltweit (!) einen solchen wirtschafts- und sozialpolitischen Anpassungs-Prozess richtig planen und „gerecht" steuern? Da die Diskussionen darüber erst begonnen haben und die Frage nach einer größeren sozialen Gerechtigkeit in vieler Hinsicht Neuland ist, werden sich die volkswirtschaftlichen Theorien wie auch die Wirtschaftspolitik damit in Zukunft verstärkt zu beschäftigen haben.

Auch **international** tätige **Unternehmen** versuchen zunehmend, die Kritik an einer ihnen vorgeworfenen „unverantwortlichen Ausbeutung der Welt" (Rohstoffe und niedrige Löhne) und an den ihnen zugeschriebenen **Umweltproblemen** durch überbetriebliche Vereinbarungen wie dem **„UN-Global Conduct"** oder der **„GRI"** (**Global Reporting Initiative**) aufzugreifen und durch entsprechende Vorsorgemaßnahmen zu entkräften.

Durch eine offensivere Wahrnehmung ihrer **„Corporate Social Responsibility"** (**CSR**) und mit ihrem Streben nach **„Nachhaltigkeit"** versuchen die Betriebe zu beweisen, dass sie **„good international citizen"** sind, um so der Kritik an ihrer Art der Globalisierung die Spitze zu nehmen und den Absatz ihrer Produkte auch in Zukunft zu sichern. Darauf wird im Kapitel 6 noch näher einzugehen sein.

- **„Globalisierung 3.0"**. Mit dem Appendix „3.0" werden inzwischen vermehrt **neue Modelle** der globalen Wirtschaft angeboten, die versuchen, die unbestrittenen Vorteile der Globalisierung zu erhalten und gleichzeitig deren immer deutlicher sichtbaren Nachteile zu vermeiden. So glaubt Dani **Rodrik** (Harvard), dass selbstbestimmte Nationalstaaten, Demokratie und grenzenlose wirtschaftliche Globalisierung im Grunde ohnehin unvereinbar seien („Trilemma"), so dass an einer **„Globalisierung mit Augenmaß"** gearbeitet werden müsse. Dies wäre dann eine Welt mit – wenn auch eingeschränkter – nationaler Selbstbestimmung, weltweiten sozialen Regelungen, Kompensationen der Globalisierungsopfer sowie dem Verzicht darauf, anderen Ländern die eigene Ordnung aufzuzwingen (Rodrik, 2011).

Ähnlich argumentiert Pankaj **Ghemawat** von der IESE Business School in Barcelona, der nach der **„Welt 0.0"** (Jäger- und Sammler-Gesellschaften), der

„Welt 1.0“ (unabhängige Nationalstaaten) und der **„Welt 2.0“** (vollständig integrierte und globalisierte Welt) in Zukunft eher eine **„Welt 3.0“** mit gebremster Globalisierung (**„Semiglobalisierung“**) sieht (Michler, Die Globalisierung steht erst ganz am Anfang, Welt am Sonntag 26.6.2011). Da angeblich erst 5% der Informationsquellen international seien, nur 3% der Menschen außerhalb des Landes ihrer Geburt lebten, nur 5% der Telefongespräche grenzüberschreitend geführt würden, nur 20% des Weltsozialprodukts aus dem Außenhandel stammten, da, je weiter die Länder voneinander entfernt lägen, desto geringer der gegenseitige Warenaustausch (und umgekehrt) sei, und da schließlich nur 9% der Anlageinvestitionen von Ausländern stammten, sei es ohnehin nicht korrekt, von einer „globalisierten Welt“ zu sprechen (Vgl. Plickert, Stockt die Globalisierung? FAZ 20.12.2013). Der Globalisierungsgrad liege insgesamt ohnehin erst bei ca. 20%. „Welt 3.0“ bedeutet für ihn daher auch: Weiterhin autonome nationale Regierungen, durchaus weiterer Ausbau der Globalisierung, aber z.B. auch Beibehaltung der kulturellen Autonomie.

Die Diskussion über die Globalisierung wird anhalten, solange es sie gibt, so dass absehbar ist, dass bald auch Modelle mit dem Namen **„Globalisierung 4.0“** oder weitere Vorschläge zur Optimierung des weltweiten Austauschs von Gütern und Dienstleistungen veröffentlicht oder vielleicht sogar umgesetzt werden. Was durchaus zu begrüßen wäre, denn in der Tat verändert eben diese Globalisierung das Leben fast aller Menschen auf der Welt derart schnell und in einem solchen Umfang, dass es der Mühe wert ist, sich darüber Gedanken zu machen, was dabei richtig ist was falsch, was „gerecht“ ist oder „ungerecht“ und was zu verändern bzw. zu verbessern ist.

3.4 Die „Enabler“ und Treiber der Globalisierung

„Enabler“

Die sogenannten „enabler“ („Ermöglicher“) sind im engeren Sinne keine Treiber der Globalisierung, auch wenn diese ohne die neuen Techniken kaum möglich geworden wäre: Dazu gehören die **Telekommunikations**-Technologie, das **Internet,** die **Digitalisierung** und **Vernetzung** von Daten, internationalen **Medien** (u.a. Satelliten-TV), das schnelle Reisen per **Flugzeug** und schließlich der **„20 feet-Container“**, der einfach und schnell zu beladen und zu entladen ist und auf Schiffen transportiert werden kann, die inzwischen bis zu 20.000 Container fassen können. Ohne den technischen Fortschritt und derartige Hilfs- bzw. Schmiermittel gäbe es heute wohl kaum eine vergleichbare Globalisierung. Um deren Wirkungen auf Ausmaß und Geschwindigkeit der Globalisierung abzuschätzen, genügt es, sich z.B. die grenzüberschreitenden Kommunikationsprozesse vor Augen zu führen, wie sie vor noch nicht einmal 50 Jahren erfolgen mussten, nämlich per Telefax, Telefon oder Brief, oder aber die Art und Weise, wie früher Güter über weite Strecken transportiert wurden, nämlich in Säcken oder Kisten.

Die Frage, ob es sich beim **Internet** bloß um einen „enabler" handelt oder gar um einen „Treiber" der Globalisierung, ist vergleichbar mit der Frage danach, was zuerst da war: Die Henne oder das Ei. In der Tat können grenzüberschreitende Aktivitäten dank dieses schnellen und billigen Mediums erheblich einfacher realisiert werden als dies früher möglich gewesen wäre. Gleichzeitig ist aber zu beobachten, dass diese Technik (internationale) Geschäftsideen überhaupt erst erzeugt oder ermöglicht, die früher nicht machbar gewesen wären. In diesem Sinne wird das Internet somit selbst zum Treiber der Globalisierung. Jedenfalls wird die internationale Geschäftstätigkeit seit der weltweiten Verbreitung des **„world wide web"** (**www**) erheblich beschleunigt, zumal ein Internet-Angebot als „born global" von vorneherein gar nicht auf nationale Grenzen beschränkt werden kann.

Es ist daher zu vermuten, dass mit der zunehmenden Verbreitung von Internet-basierten Geschäftsmodellen die Geschichte der Wirtschaft und die der Globalisierung in absehbarer Zukunft neu zu schreiben sein wird: Mit Hilfe dieser im wahrsten Sinne des Wortes „umwälzenden" Technik werden weltweite Geschäftsmodelle möglich, an die wir heute vielleicht noch gar nicht denken.

Staaten

Zu den Treibern der Globalisierung im engeren Sinne gehören in vorderster Linie die Nationalstaaten, die – verstärkt seit dem Ende des II. Weltkriegs und nach dem Fall der Mauer – versuchen, mit anderen Staaten auf mehreren Ebenen intensive Austausch-Beziehungen aufzubauen, weil sie nicht zu Unrecht davon ausgehen, dass Länder, die miteinander kommunizieren und Handel treiben, normalerweise nicht gegeneinander Krieg führen und sich daher besser entwickeln können.

Die **Regierungen** der verschiedensten Staaten und deren **übernationale Organisationen** wie die „World Trade Organisation" (**WTO**) bemühen sich seither, mit **Freihandelszonen** oder **bilateralen Handelsabkommen** den internationalen Austausch von Waren und Diensten zu ermöglichen bzw. weiter voranzutreiben. Neben einem dauerhaften **Frieden** erhoffen sich alle beteiligten Länder davon aber in erster Linie einen steigenden **Wohlstand im eigenen Land,** denn Export und Import schaffen **Wachstum**, vermehren die Anzahl der **Arbeitsplätze** und senken die **Preise** für die Konsumenten. Umgekehrt, auch das hat man aus der Geschichte gelernt, verschlechtert eine **Abschottung,** eine „splendid isolation", die Lage der eigenen Wirtschaft und die Lebensbedingungen für die betroffene Bevölkerung.

So begann denn auch die erste sogenannte **Welthandelsrunde** in Genf bereits 1947; damals hieß sie noch **„GATT"** (General Agreement on Tariffs and Trade). An ihr waren zunächst nur 23 Länder beteiligt. Auch in den folgenden Verhandlungsrunden unter dem neuen Namen **„WTO"** (World Trade Organization) konnten **Zölle gesenkt**, Einfuhr-**Vorschriften gelockert** und **Handelsbeschränkungen abgebaut** werden: Dies ist ein wesentlicher Grund dafür, dass sich die Globalisierung seit dieser Zeit so dynamisch entwickeln konnte.

Warum dann aber die 9. und bisher letzte Freihandelsrunde, die 2001 in **Doha** mit 146 Ländern begann, nicht zügig zu Ende geführt werden konnte, lange Zeit als gescheitert angesehen wurde und erst kurz vor Weihnachten 2013 auf der 9. WTO-Ministerkonferenz von 159 Teilnehmerstaaten mit einem sogenannten **„Bali-Paket"** erfolgreich abgeschlossen werden konnte, hat andere Gründe: Inzwischen hatte sich eine unüberwindbar scheinende **Kluft** zwischen den (reicheren) **Industrieländern** und den (ärmeren) **Entwicklungs-** und **Schwellenländern** aufgetan. Letztere werfen den „Nordstaaten" vor, zwar freien Handel mit den ärmeren Ländern zu fordern, ihre eigene Wirtschaft aber nach wie vor abzuschotten, insbesondere den **Agrarmarkt**, auf dem sie, die weniger industrialisierten Länder, wenn überhaupt, größere Absatz- und Entwicklungschancen hätten. In der Tat subventioniert die „reiche" EU nach wie vor mit ca. 50% ihres gesamten Budgets die Landwirtschaft. Wären diese Mittel ursprünglich zur Sicherung der heimischen Nahrungsmittelversorgung gut angelegt, sollten später die Bauern sanft auf den größeren freien Markt vorbereitet werden. Heute kann man diese Subventionen trotz gesicherter Versorgung mit Nahrungsmitteln nur noch schwer abschaffen, denn jegliche Veränderung ruft massive Proteste der betroffenen Bauern hervor, insbesondere in Frankreich, wo diese mit ihren Traktoren gern die Hauptverbindungsstraßen und damit das ganze Land blockieren.

Dennoch beweist dieses neuerliche, weltweite Freihandelsabkommen zwischen den (angeblichen) Verlierern des freien Welthandels und dessen (angeblichen) Gewinnern, dass sich alle Beteiligten von einem ungehinderten Handel offensichtlich Vorteile versprechen, besonders natürlich für ihre eigenen Länder. Eine bessere Begründung für die Ausweitung der Globalisierung kann man eigentlich nicht finden. Spannend wird sein zu beobachten, ob und wie dieses neue Abkommen dabei hilft, die Kluft zwischen den armen und den reichen Ländern zu verringern, zumal nach wie vor eine ganze Reihe von Themen der ursprünglichen Doha-Agenda unerledigt ist (Vgl. Felbermayr, Was der Handelskompromiss von Bali wirklich bringt, FAZ 20.12.2013). So liegen die reichen Nordstaaten z.B. auch bei der Erfüllung der sogenannten **„Milleniumsziele 2015"** nach wie vor weit zurück: Nach diesen weltweit vereinbarten Zusagen sollen u.a. die Zahl armer und unterernährter Menschen auf der Welt halbiert, die Kindersterblichkeit um zwei Drittel gesenkt und die Entwicklungshilfe bis auf 0,7% des Bruttosozialprodukts der EU-Staaten ausgedehnt werden. Nur die Nordländer wie Norwegen, Schweden, Dänemark sowie Luxemburg und Niederlande haben ihre diesbezüglichen Zusagen eingehalten (o.V., Entwicklungshilfe von OECD-Ländern 2012, FAZ 4.4.2013). Daher schlug Bill **Gates** beim G 20 Gipfel im November 2011 in Cannes auch vor, die fehlenden Mittel durch neue Steuern wie die Transaktionssteuer, Steuern auf Öl, Tabak, Flugreisen und Schiffstransporte aufzubringen. Leider fand er dafür aber kein Gehör, auch wenn nachweisbar ist, dass die höhere Besteuerung genau dieser Grundlagen durchaus in der Lage ist, eine ganze Reihe von Problemen in Wirtschaft und Umwelt zu lindern oder gar zu lösen (Schubert, Bill Gates mahnt auf dem Gipfel in Cannes zu mehr Entwicklungshilfe, FAZ 5.11.2011).

Aber nicht nur die weltweiten **Einkommens-** und **Vermögensunterschiede** erschweren neue Abkommen: Inzwischen sind die globalen **Klimaprobleme** hinzugekommen, für die in erster Linie die Industrieländer verantwortlich sind und für deren Beseitigung die weniger entwickelten Länder eine Kompensation fordern. Zur Beruhigung der Gemüter hat die **EU** Ende Oktober 2009 beschlossen, den Schwellen- und Entwicklungsländern jährlich 100 Mrd. Euro für Klimaschutzprojekte und Anpassungen an die Folgen des Klimawandels zur Verfügung zu stellen – allerdings erst von 2020 an! Ob dies dann auch wirklich geschehen oder inzwischen in Vergessenheit geraten sein wird, muss sich zeigen. Denn welche Staaten wieviel erhalten sollen, ist dabei genauso offen wie die Frage, wofür sie dieses Geld eigentlich erhalten sollen (Steltzner, Der beste Klimaschutz, FAZ 31.10.2009).

„Financial community"

Nicht nur die Staaten, auch die Kapitalmärkte treiben die Globalisierung weiter voran: Die sogenannte „financial community" trägt kräftig dazu bei, dass die Grenzen zwischen den Nationen immer niedriger werden und das Kapital in Sekunden-Bruchteilen über den ganzen Globus verteilt und dort eingesetzt werden kann, wo es – bei vorgegebenem Risiko – den höchsten Ertrag erbringt. Dabei spielt auch eine Rolle, dass die freie **Konvertibilität** der **Währungen** – von wenigen Ausnahmen einmal abgesehen – inzwischen ein Standard geworden ist und deren **Fluktuationen** im Laufe der Zeit immer geringer wurden, wobei die Finanzbranche selbst an diesen Schwankungen verdienen kann, wenn sie die Kursentwicklungen der einzelnen Währungen richtig einschätzt – wenn nicht gar manipuliert (Storn, 16 Uhr, London, Die Zeit 13.2.2014). Letztlich wandert das Kapital immer dahin, wo unter dem Strich „das beste Geschäft zu machen ist". Gleichwohl hat man inzwischen erkannt, dass die internationalen Kapitalbewegungen ein derart großes und unkontrollierbares Ausmaß angenommen haben, dass sie eine Gefahr für die „Realwirtschaft" und somit auch für die Globalisierung darstellen können und daher eingeschränkt werden müssten.

Verbraucher

Bei aller öffentlichen Kritik der Globalisierung wird gern ein weiterer wichtiger Treiber der Globalisierung unterschlagen, nämlich die Verbraucher, wir selbst also. Viele sind darunter, die zwar der Globalisierung eher skeptisch gegenüberstehen, nur allzu gern aber ihren **Urlaub** im **Ausland** verbringen und den heimischen Produkten **billigere**, weil im Ausland gefertigte **Produkte** oder Dienstleistungen vorziehen. Sicherlich spielt dabei auch eine Rolle, dass viele Verbraucher aufgrund lückenhafter Kennzeichnung oft gar nicht genau wissen – oder gar nicht erst erfahren sollen –, woher die Produkte tatsächlich stammen oder unter welchen Bedingungen sie produziert wurden. So ist z.B. weitgehend unbekannt, dass unser Apfelsaft (als Konzentrat) inzwischen zu großen Teilen aus China importiert und hier wieder mit Wasser aufbereitet wird, ohne dass dies gekennzeichnet werden muss: Nur unverarbeitete landwirtschaftliche Produkte, die Äpfel selbst also, müssen nach herrschenden Gesetzen beim Verkauf ihre Herkunft offenlegen.

Auch wenn man nur allzu gern die Missstände bei der Produktion in fernen Ländern und die Verluste von Arbeitsplätzen der heimischen Industrie beklagt: Spätestens beim Vergleich der Preise – bei identischer Qualität – verlieren viele kritische Verbraucher ihre Skrupel und kaufen eben doch die im Ausland produzierten, oft deutlich billigeren Produkte (Vgl. csc./che., Morgens Gutmensch – abends Schnäppchenjäger, FAZ 28.1.2014).

Dem versuchen Unternehmer wie z.B. die von **Trigema** oder **Liqui Molly** entgegenzuwirken, indem sie damit werben, dass ihre Produkte ausschließlich in Deutschland produziert werden, ihre Unternehmen hierzulande Arbeitsplätze schaffen und sie brav ihre Steuern im Inland zahlen. Es wird auf Dauer interessant sein zu beobachten, inwieweit solche Argumente die Verbraucher überzeugen und womöglich sogar dabei helfen, Wettbewerbsnachteile auszugleichen.

Eine Ursache für ein zunehmend **globalisiertes Verbraucherverhalten** ist, dass sich die Lebensstile und Bedürfnisse der Verbraucher weltweit immer mehr angleichen, jedenfalls bei den jüngeren Generationen. Man spricht hier von einer **„Konvergenz“** der Einstellungen und des Verhaltens der globalen Bürger, die im Wesentlichen eine Angleichung an **westliche** Konsum- und Verhaltensformen beinhaltet. Prof. Ronald **Frank** hat auf der GfK-Tagung 2008 den in den meisten Staaten über einen längeren Zeitraum feststellbaren Zusammenhang zwischen dem **Rückgang „alter Bindungswerte“** und der **Zunahme „neuer Entfaltungswerte“** aufgezeigt, der stark mit zunehmendem Wohlstand korreliert, aber natürlich auch mit der Verfügbarkeit der notwendigen Informationen, insbesondere aus dem Internet. Einen Big Mac von **McDonald's** essen, dazu **Coca-Cola** trinken, hinterher einen **Wrigley** Kaugummi kauen und **Levi's** Jeans tragen: Davon träumen eben viele junge Menschen auf der ganzen Welt. Inzwischen verdienen auch immer mehr **Schönheitschirurgen** daran, dass sogar Gesichter und Körpermaße globalen Geschmackstendenzen unterliegen und entsprechend gern korrigiert, sprich: vereinheitlicht werden (Vgl. Mühl, Die Nasenform des neuen Menschen, FAZ 27.6.2013).

Ob die Globalisierung jemals zu einer totalen **Vereinheitlichung** der **kulturellen Vielfalt** führen wird, ist auch unter Experten umstritten, wie sich auf der Tagung der „Aktion Soziale Marktwirtschaft" (ASM) 2007 zeigte: Die Ansichten der anwesenden Ökonomen, Soziologen, Philosophen, Historiker und Juristen lagen jedenfalls weit auseinander: Während sich die einen wegen einer drohenden Uniformierung der Kulturen der Welt eher besorgt zeigten, betonten andere, dass allein der Wettbewerb unter den Völkern die Vielfalt nicht aufheben werde (o.V., Mit Konfuzius und Coca-Cola zur Weltharmonie, FAZ 31.7.2007).

Unternehmen

Die **Unternehmen** sind sowohl **Treiber** wie auch **Getriebenen** der Globalisierung. Einerseits profitieren sie von den größeren Wirtschaftsräumen und somit von den immer besseren Voraussetzungen für internationales Wachstum, andererseits unterliegen sie selbst einem immer stärkeren internationalen Wettbewerb.

Man kann die Motive der Unternehmen zu internationalisieren in eher reaktive, defensive einerseits und aktive, offensive andererseits unterscheiden. So gab bzw. gibt es, um mit den **defensiven Motiven** anzufangen, viele Unternehmen, die ursprünglich nicht unbedingt auf die Ausweitung ihrer Aktivitäten auf andere Länder erpicht waren, dann aber die Chance erhielten, zum Beispiel einfach ihren inländischen **Kunden** ins Ausland zu **folgen**. Dies war und ist gelegentlich in der Konsumgüterbranche zu beobachten, wo sich Handelsbetriebe wie **Lidl**, **Aldi**, **Metro** oder **Carrefour** zunehmend international aufgestellt haben. Ist man bei diesen Abnehmern im Inland mit erfolgreichen Produkten gelistet, ist es oft nur ein kleiner Schritt, diese dann auch – gegebenenfalls mit den notwendigen Anpassungen – im Ausland anzubieten. In der **Automobilbranche** werden Zulieferbetriebe gern aufgefordert, ihre Produktionsstätten an die im Ausland erstellten Werke sozusagen „anzuflanschen“, um die von ihnen produzierten Fahrzeugteile vor Ort in „real time“ liefern zu können. Aus solchen „Anhängseln“ werden später nicht selten selbständige Niederlassungen, die auch andere Kunden im Ausland beliefern.

Natürlich sind auch die zunehmend geschaffenen **Freihandelszonen** und die regionale **Ausbreitung** des **Euro** ideale Voraussetzungen für unternehmerische Aktivitäten im Ausland, die zuvor vielleicht gar nicht geplant waren, oft nur schwierig zu realisieren oder schlichtweg zu riskant gewesen wären, z.B. aufgrund hoher Währungsrisiken. Nicht selten sind es **Wettbewerber**, die es einem vormachen, dass und wie man auch im Ausland erfolgreich tätig sein kann, denn der **Nachahmungstrieb** ist auch in der Welt der Unternehmer eine nicht zu unterschätzende Motivation. So ist es für ein Modeunternehmen kaum möglich, international anerkannt zu werden oder zu bleiben, wenn es nicht über Niederlassungen in den Hauptstädten der Mode, wie z.B. in Mailand, verfügt.

Ein besonders eklatantes Beispiel für eine **zufällige Expansion** ins Ausland, in diesem Beispiel nach China, ist die Firma **Nobilia**, ein Möbel- und Küchenhersteller in Detmold: Aus einem eher zufälligen Kontakt des Inhabers mit einem chinesischen Hochschulprofessor entstand ein beachtliches Exportgeschäft von Küchen nach China, obwohl niemand im Unternehmen nur im Traum daran gedacht hatte, Küchen nach China zu exportieren, ist doch für diese Produkte der Weg eher umgekehrt vorgezeichnet, also von China nach Europa (Ruhkamp, Küchen aus Ostwestfalen für Schanghai, FAZ 16.7.2010).

Ein anderes Beispiel ist der erfolgreiche Export von **Langnese**-Honig in die Vereinigten Emirate, initiiert von einem Einkäufer aus dieser Region auf der Anuga in Köln, der wichtigsten internationalen Messe für Lebensmittel. Niemand im Unternehmen hatte je ernsthaft geglaubt, dass man Bienenhonig auch in heiße arabische Staaten verkaufen könne. Die Rückfrage bei den örtlichen Empfängern ergab eine überraschende Antwort: Dieses Produkt wird in diesen Ländern als besonders wirksam „für den Mann“ angesehen!

Daneben gibt es eine Reihe weiterer, gern mitgenommener Vorteile bei der Globalisierung, die, für sich alleine genommen, aber kaum als Motiv für das „to go international" ausreichen. So können internationale Firmen leichter als nur nationale große Teile ihrer **Ertragssteuerlast** dorthin verlagern, wo die Steuerbelastung am niedrigsten ist (Schön, Das große internationale Steuer-Spiel, FAZ 12.4.2013). Zwar haben die Beispiele von **Amazon**, **Starbucks** und **Google**, die durch Lizenzvereinbarungen und gegenseitige Kredite ihre Gewinne geschickt verschieben, in der letzten Zeit für größere Aufregung gesorgt und sogar die **G 20** Gruppe und die **OECD** veranlasst zu überlegen, wie derartige Steuer-Verschiebungen zukünftig verhindert werden können. Bei dieser Diskussion darf aber nicht vergessen werden, dass solche steuerlichen Konstruktionen zumeist mit den örtlichen Finanzbehörden abgestimmt wurden und somit an sich legal sind (Vgl. Bigalke, Von der Oase an die Quelle, SZ 5.9.2013). Inzwischen scheinen die Anwender derartiger „Steuertricks" aber zu erkennen, dass die Schäden aus verlorener Reputation u.U. größer werden können als mögliche Steuerersparnisse (Vgl. theu./now., Starbucks will kein Steuerschinder mehr sein, FAZ 17.4.2014). Man hat auch in diesen Häusern inzwischen offenbar den Unterschied zwischen „legal" und „legitim" erkannt.

Auch gelingt es international aufgestellten Unternehmen leichter, **„high potentials"** (fähige Nachwuchsmanager) anzuwerben, da sich diese in einem internationalen Umfeld interessante(re) Aufgaben versprechen. Nicht zuletzt sind es oft auch staatliche **Subventionen** oder **Steuervorteile**, die einen exogenen Antrieb zu Investitionen und Aktivitäten im Ausland darstellen – genau deshalb werden sie ja auch angeboten! Beispiel dafür ist das Steuerparadies Irland, das durch niedrige Steuersätze viele internationale Firmen angelockt und damit eigenes volkswirtschaftliches Wachstum erzeugt hat, das erst dann wieder in sich zusammenbrach, als sichtbar wurde, dass allzu viel davon nur „auf Pump" gebaut war. Das von vielen im Zusammenhang mit der Globalisierung befürchtete **„Race-to-the-Bottom"**, nach dem die Staaten durch immer niedrigere Steuern sich selbst und anderen das Wasser abgraben, ist bisher offensichtlich nicht eingetreten: Die notwendige Deckung immer weiter wachsender Staatsausgaben steht dem offenbar entgegen.

Ob, wie gelegentlich unterstellt, viele Manager nur deshalb internationalisieren, weil in solchermaßen aufgestellten Unternehmen zumeist deutlich höhere

Gehälter gezahlt werden, wie im Falle der Fusion von **Daimler** mit **Chrysler** gemutmaßt wurde, lässt sich kaum nachweisen: Dass dies aber ein angenehmer Nebeneffekt ist, haben nicht zuletzt die enormen Gehalts- und Bonussteigerungen deutscher Dax-Vorstände in den letzten Jahren gezeigt.

All die zuletzt genannten reaktiven Gründe und Vorteile reichen aber zumeist nicht aus, ein verstärktes Auslandsengagement zu begründen und erfolgreich durchzuführen:

> *„...proactive firms go international because they want to, while reactive ones go international because they have to."*
>
> (Czinkota/Ronkainen, 1999, S. 285).

So ist typischerweise das **Hauptmotiv** der Unternehmen, die im Ausland gebotenen **Absatzchancen** aktiv anzugehen und immer mehr Länder für die eigenen Produkten oder Dienstleistungen zu gewinnen. Dadurch erzielt man zusätzliches **Wachstum** an **Umsatz** und **Gewinn**, das im eigenen Land so nicht möglich wäre. Rein nationale Märkte, besonders die in hoch entwickelten Staaten, werden ambitionierten Unternehmen auf Dauer zu klein und sind oft genug sogar durch Stagnation oder Rezessionen gezeichnet. Die Wachstumspotenziale in anderen Gegenden (z.B. in Asien) hingegen sind zumeist deutlich höher, einerseits wegen der in diesen Ländern rasch wachsenden Bevölkerung, andererseits wegen deren gewaltigen Nachholbedarfs an Gütern und Dienstleistungen, deren Potenziale in den reichen Ländern häufig schon ausgereizt sind.

<u>Exkurs</u>: Brauchen Unternehmen eigentlich Wachstum?

Um es gleich vorweg zu nehmen: Nein! Unternehmen – wie auch ganze Nationen – brauchen tatsächlich kein Wachstum, um zu überleben. Denn wenn Wachstum zum Überleben erforderlich wäre, gäbe es schon heute eine ganze Reihe von Unternehmen nicht mehr, die – ob dauerhaft oder vorübergehend – kein Umsatz- und / oder Gewinnwachstum (mehr) aufweisen. Und derer gibt es nicht wenige, besonders in Zeiten schwacher Konjunktur- und Marktlagen.

Was aber die Folgen sind von „Null-" oder „Minus-Wachstum" (ein oft zitierter Widerspruch in sich!), kann man zur Zeit sehr deutlich in den südeuropäischen EU-Ländern beobachten, die aufgrund ihrer hohen Verschuldung kaum noch Kredite bekommen und daher mit aller Macht ihren Staatshaushalt ins Gleichgewicht bringen müssen: Sie müssen sparen, Kosten, Löhne und Pensionen senken, Investitionen unterlassen, staatliches Personal abbauen etc., alles Entscheidungen, die vielen Menschen im Lande das Leben schwer machen.

Genau das verschweigen aber gern die Apologeten einer wachstumslosen Entwicklung, die in der letzten Zeit vermehrt auftreten: Natürlich ist es legitim zu hinterfragen, ob alles wirklich immer größer, schneller oder besser werden muss, oder ob man zum Beispiel auch die Natur und ihre Ressourcen nicht wirksamer schonen kann, wenn man sich mit dem Standard begnügt, den man einmal erreicht hat – und der so schlecht ja auch nicht ist.

Im Falle von Unternehmen bedeutet das Ausbleiben von Wachstum ebenfalls: Keine höheren Kosten akzeptieren können, auch keine höheren Löhne, es sei denn, diese können durch Produktivitätssteigerungen aufgefangen und / oder durch höhere Verkaufspreise am Markt wieder hereingeholt werden. Falls dies nicht möglich ist, führen höhere Kosten automatisch zu Gewinnminderungen. Nullwachstum bedeutet dann auch: Notwendige Investitionen unterlassen, weniger Innovationen entwickeln und am Markt einführen, dadurch womöglich Wettbewerbsnachteile erleiden, letztlich also Marktanteile gegen wachsende Unternehmen verlieren und schließlich: Verluste einfahren.

In solchen Unternehmen wird es ungemütlich: Es herrscht Krisenstimmung, Kostensenkungsprogramme werden durchgeführt, Unternehmensberater werden engagiert, Filialen werden geschlossen, Mitarbeiter werden entlassen, gute Mitarbeiter verlassen von sich aus das Unternehmen. Viele Unternehmen gehen infolge stagnierender oder schrumpfender Umsätze letztendlich in die Insolvenz oder werden verkauft. Um all das zu vermeiden, brauchen Unternehmen positive Perspektiven, und die beinhalten eben zumeist neuerliches Wachstum. Genau dies ist eben die beste Motivation aller Mitarbeiter im Unternehmen, unbeschadet aller Werte-Statements und sozialer Leistungen: Nichts begeistert die Mitarbeiter mehr als der Erfolg „Ihres“ Unternehmens.

Denn um wieviel angenehmer lebt es sich in einem Unternehmen, das wächst und gedeiht, das Personal einstellen und Löhne wie Gehälter anheben kann, das Innovationen einführen, weltweit expandieren, Marktanteile steigern und womöglich andere Firmen (z.B. im Ausland) übernehmen kann. Ähnliches gilt für einen Staat, der bei wachsendem Sozialprodukt viele Probleme leichter lösen und noch mehr Bürger zufrieden machen kann.

Es macht also schlichtweg mehr Spaß, in prosperierenden Staaten zu leben bzw. in wachsenden Unternehmen zu arbeiten. Umgekehrt bedeutet der Verzicht auf Wachstum – ob freiwillig oder erzwungenermaßen – letztlich ein Schrumpfen. Auch das gehört zur Wahrheit des Nullwachstums!

Dass die Diskussion über „nachhaltiges", „ökologisches" oder gar „zu unterlassendes" Wachstum derzeit immer lebhafter wird, dass die Glücks- und Zufriedenheitsforschung boomt, dass man neben dem Bruttosozialprodukt weitere Indikatoren und Maßzahlen für den (qualitativen) Fortschritt und den Wohlstand sucht, und dass dabei durchaus vernünftige Vorschläge entwickelt werden (Vgl. Pinzler, Gutes Leben neu berechnet, Die Zeit 17.1.2013), hängt vielleicht auch damit zusammen, dass sich die hoch entwickelten Staaten mittel- bis langfristig ohnehin auf reduzierte Wachstums-Erwartungen einzustellen haben. Und bevor sich die Bürger über einen immer geringeren Lebensstandard beklagen, ist es gewiss hilfreich, ihnen rechtzeitig beizubringen, dass Einkommen und Wohlstand nicht alles sind und dass man auch ohne Wachstum oder gar mit Weniger durchaus glücklich und zufrieden leben kann.

Weiter treibt viele Unternehmen die Überlegung an, dass man, wenn man schon im Heimatland die Nr. 1 am Markt ist, diese Position, wenn möglich, auch gern im Ausland erreichen und sogar **„Weltmarktführer"** werden möchte oder kann. Man verfügt dafür ganz offensichtlich über die besten Voraussetzungen (Innovationen, Vermarktungsstrategie, Management etc.). Das Ziel, die **„Nr. 1"** am Markt zu werden, ist für viele Unternehmen generell so sehr interessant, dass sie dies, sofern sie dies werden wollen oder sobald sie dies geworden sind, oft laut genug in die Öffentlichkeit hinausposaunen: *„Wir wollen überall die Nummer eins werden",* verkündete **Media–Saturn**, **die Lufthansa** warb mit: *„Lufthansa steigt zur Nummer eins in Europa auf"*, der neue Chef der **Generali**-Versicherungen verkündete: *„Generali kann und will der Größte in Europa werden".* **Torsten Toeller**, der erfolgreiche Gründer und Inhaber der **„Fressnapf"**-Filialkette postulierte: *„Wir wollen in allen Ländern, in denen wir vertreten sind, die Nummer eins werden".* Der Chef von **Daimler**, **Dieter Zetsche**, hat angekündigt, sein Unternehmen bis 2020 wieder zur Nr. 1 im Premium-Segment der Automobile werden zu lassen.

Solche Bestrebungen sind logisch nicht leicht nachvollziehbar, denn auch ein Zweiter oder Dritter am Markt kann ein gutes, vielleicht sogar ein noch besseres Angebot im Köcher haben oder sogar bessere Ergebnisse erzielen als der Marktführer. Dennoch ist die Nr. 1-Position im Markt genauso **werbewirksam** wie die Gewinnung eines **Oscars** in Hollywood: Ein Kunde bevorzugt im Normalfall eben gern den Marktführer, *„weil sich Millionen von Kunden ja nicht irren können!".* Wer mehr als die Wettbewerber verkauft, muss ja wohl das bessere Produkt haben! Dieser nahezu irrationale Kampf um die führende Position ist besonders deutlich in der Automobilbranche zu erleben, in der sich nun schon seit einigen Jahren **Toyota**, **General Motors** und **VW** einen Kampf um den Platz 1 liefern, obwohl die Unterschiede dieser Firmen in Variantenreichtum, Produktqualität, Preiswürdigkeit, Umsatz und verkauften Stückzahlen nur minimal sind.

Ein weiterer Grund für das **„Race to the Top"** ist, dass, wie eine Analyse von **Bain & Company** ergab (Bain, 2004), Marktführer im Schnitt **höhere Renditen** erzielen als die Nummer zwei am Markt oder solche „unter ferner liefen". Songs wie die von **Abba** *„The Winner Takes it All"* oder Aussagen wie *„Everybody Loves the Winner„* bzw. *„Second Place is the First Loser"* belegen diese weit verbreitete Einstellung. Es ist eben wie beim Sport: Ein Sieger kann gelegentlich auch nur Glück gehabt haben, aber man wird sich länger an ihn erinnern als an den Zweit- oder Dritt-Platzierten. Dennoch wird man Peter Schöffel, dem Inhaber des Sportbekleidungsherstellers **Schöffel**, gern zustimmen, der einmal sagte: *„Du musst unter den ersten drei sein. Denn nur auf dem Stockerl verdient man Geld"* (Balzter, Diese Branche ist wie ein Sechser im Lotto, FAZ 7.9.2009).

Abgesehen von Wachstums- und Renditezielen gibt es eine ganze Reihe weiterer Motive, offensiv ins Ausland zu gehen. So gibt es beispielsweise den so genannten **„first mover advantage"**, den Vorteil also, als erster am Markt zu sein, der beispielsweise einen Innovator dazu antreibt, ein noch nicht bearbeitetes Land keinesfalls einem Wettbewerber als erstem zu überlassen. Nicht selten wird ein Erster am Markt Synonym für eine ganze Produkt-Kategorie mit der Folge, dass die frühzeitig erreichte Marktführerschaft auch auf Dauer geradezu unangreifbar wird. Überhaupt ist der nahezu sportliche Vergleich mit den **Wettbewerbern** und deren Bekämpfung auch außerhalb der eigenen Landesgrenzen ein nicht unwesentliches Motiv für den Eintritt in neue Länder. Man will, dies scheint ein menschliches Grundgesetz zu sein, einfach nicht schlechter sein als andere, wenn irgend möglich sogar besser.

3.5 Die Effekte der Globalisierung

Wie ist nun die Globalisierung „unter dem Strich“ zu beurteilen? Gibt es dabei mehr Gewinner oder mehr Verlierer? Oder gibt es gar, wie viele Kritiker der Globalisierung behaupten, nur wenige Gewinner, dafür aber viele Verlierer?

Die grundsätzliche, zumeist jedoch recht einseitige **Kritik** an der Globalisierung füllt inzwischen in den Bibliotheken ganze Regale. Schon deren Titel offenbaren, woran sich die Autoren bei der Globalisierung stoßen:

- Martin/Schumann, Die **Globalisierungsfalle**. Der Angriff auf Demokratie und Wohlstand, 1998
- Chomsky, Profit over People. **Neoliberalismus** und globale Weltordnung, 2000
- Forrester, Die **Diktatur** des Profits, 2001
- Klein, No Logo! Der Kampf der Global Players um **Marktmacht**. Ein Spiel mit vielen Gewinnern und wenigen Verlieren, 2001
- Chossudovsky, Global **Brutal**. Der entfesselte Welthandel, die Armut, der Krieg, 2002
- Stieglitz, Die **Schatten** der Globalisierung, 2002
- Werner/Weiss, Das neue Schwarzbuch Markenfirmen. Die **Machenschaften** der Weltkonzerne, 2004
- Mander/Goldsmith, **Schwarzbuch** Globalisierung. Eine fatale Entwicklung mit vielen Verlierern und wenigen Gewinnern, 2004
- und viele andere mehr.

Auffällig an diesen kritischen Betrachtungen ist, dass die Globalisierung oft nicht nur für deren negative Folgen, sondern auch für Missstände verantwortlich gemacht wird, die mit ihr überhaupt nichts zu tun haben bzw. auch dann aufträten und zu kritisieren wären, wenn es die Globalisierung gar nicht gäbe. Als Beispiele sind die verstärkte **Automatisierung** und der Einsatz von **Robotern** und **Computern** in den Fabriken zu nennen, die vermutlich erheblich mehr zum Abbau von Arbeitsplätzen beitragen als die Globalisierung. Ist es doch mit den Händen zu greifen, dass heutzutage mithilfe dieser neuen Techniken erheblich mehr mit weniger Personal erzeugt werden kann. In der Karikatur einer Demonstration von Globalisierungsgegnern hält u.a. ein Teilnehmer ein Schild hoch mit der Aufschrift: *„Gegen die Schwerkraft":* Besser kann man diese fälschlich hergestellten Zusammenhänge nicht brandmarken.

Dass viele Unternehmen, besonders die von vielen so heftig angegriffenen „Multinationals", zu den eindeutigen Gewinnern der Globalisierung gehören, ist geradezu ein Kernvorwurf der Kritiker. Doch sind große, international aufgestellte Unternehmen automatisch auch schlecht? Leiden unter ihnen wirklich große Teile der Weltbevölkerung? Warum bevorzugen denn so viele Verbraucher deren Produkte? Auch die **Politik** ist sich doch darin einig, dass die Globalisierung nicht nur ein „Nullsummenspiel" ist, bei dem sich Gewinne des einen und Verluste des anderen gegenseitig kompensieren, sondern „unter dem Strich" ein **„Positiv-Summen-Spiel"** mit insgesamt günstiger Bilanz. *„Die Konsequenzen von Globalisierung sind also bei weitem positiver als von vielen angenommen"* (Potrafke, Das Zerrbild der Globalisierung, FAZ 13.1.2014).

Den Umkehr-Schluss hat man aus der Geschichte gelernt: Schotten sich Länder vom internationalen – nicht nur wirtschaftlichem – Austausch ab, sind die daraus für deren Volkswirtschaften entstehenden Schäden bald recht groß. Haben Länder jedoch wirtschaftliche Probleme, wie zum Beispiel jetzt die südeuropäischen Länder, dann, so eine weitere Erkenntnis, liegt dies zumeist nicht an zu viel, sondern eher an **zu wenig Globalisierung**, wenn es nicht an völlig anderen Faktoren liegt wie an verzerrten (Euro-)Wechselkursen, an mangelnder Rechtstaatlichkeit und verbreiteter Korruption. Doch ergibt ein genauerer Blick auf diese Bilanz ein etwas differenzierteres Bild:

Staaten

Reine Globalisierungsverlierer unter den ca. 200 Ländern der Welt gibt es offensichtlich nicht, denn wenn es sie gäbe, wären sie bekannt, und es würden Maßnahmen diskutiert, auch diese Länder verstärkt an der Globalisierung teilhaben zu lassen. Aber es gibt natürlich Länder, die mehr, und andere Länder, die weniger von der Globalisierung profitieren. Um das im Einzelfall konkret zu bewerten, wäre es an sich am einfachsten, zum Beispiel die Zahl der durch die Globalisierung in den verschiedenen Ländern neu geschaffenen **Arbeitsplätze** und / oder die Veränderungen der **Bruttosozialprodukte** zu analysieren. Aber derartige Effekte von den übrigen Einflussfaktoren auf das Wirtschaftswachstum zu isolieren, ist eben nicht ganz einfach. Deutschland ist jedoch unzweifelhaft neben Ländern wie Finnland, Dänemark und Japan einer der ganz großen Gewinner der Globalisierung, wie zuletzt wieder eine Studie der Prognos AG ergeben hat (Vgl. o.V., Deutschland profitiert stark von Globalisierung, FAZ 25.3.2014).

Unbestritten ist auch, dass das Wirtschaftswachstum und die Anzahl der Arbeitsplätze seit verstärkter Globalisierung weltweit, d.h. in **allen** beteiligten Ländern, zugenommen haben. *„Die Globalisierung hat insgesamt das Wirtschaftswachstum beflügelt, wie zahlreiche Studien zeigen“* (Potrafke, Das Zerrbild der Globalisierung, FAZ 13.1.2014). Natürlich stecken in diesen Zahlen auch die Folgen des dramatischen **Bevölkerungswachstums**: Lebten auf der Erde bis 1950 deutlich weniger als 3 Milliarden Menschen, stieg die Bevölkerung danach explosionsartig an: auf 6 Milliarden im Jahre 2000, auf über 7 Milliarden zur Zeit, und bald auf über 8 bis 9 Milliarden.

Die Gewinner von **Arbeitsplätzen** sind aber eher in den **Niedriglohnländern** zu finden, während die Industrieländer durch die Globalisierung oft einen Rückgang der Beschäftigung zu verzeichnen haben. Gleichzeitig konnten diese aber ihren **Wohlstand** weiter steigern. So passt zu diesem Bild die Erkenntnis, dass Europa inzwischen zwar nur noch 7% der Weltbevölkerung und nur 25% der weltweiten Wertschöpfung aufweist, aber immerhin nahezu 50% aller Sozialausgaben verteilt. Der durch die Globalisierung gewonnene Wohlstand wird also tatsächlich auch für eine bessere **soziale Ausstattung** der eigenen Bevölkerung genutzt. Generell ist aber zu beobachten, dass billige Jobs ohne jegliche Absicherung zunehmen, teure Jobs mit hoher sozialer Absicherung hingegen eher abnehmen. Wie aber würde dieses Bild ohne Globalisierung aussehen?

Jan José **Güida** fasst die Entwicklung auf den Arbeitsmärkten wie folgt zusammen: *„Dies* (die Globalisierung, Anm. des Verf.*) hat zu einer spürbaren Zunahme der Beschäftigung, insbesondere in den Entwicklungs- und Schwellenländern geführt. Während 1965 lediglich 18% der Weltbevölkerung erwerbstätig waren, sind es heute 30%“* (Güida, 2007, S. 34). Auch der „Weltarbeitsbericht“ der „Internationalen Arbeitsorganisation“ (**ILO**) rechnet vor, dass die Globalisierung in den 90er Jahren Millionen neuer Arbeitsplätze geschaffen hat, ein Zuwachs von 1990 bis 2007 um immerhin zwei Drittel! Allerdings seien darunter auffallend viele gering bezahlte Stellen (du., Studie: Einkommen in der Welt wachsen sehr unterschiedlich, FAZ 17.10.2008).

Leider stieg im Zuge der Finanzkrise die globale Arbeitslosigkeit wieder etwas an (du., Die Arbeitslosigkeit steigt global, FAZ 23.1.2013). Die **Ungleichheit** der **Einkommen** hat in dieser Zeit weiter zugenommen, wobei unbewiesen ist, ob die Einkommen ohne Globalisierung „gerechter" verteilt wären. Auch wenn der Anteil der Menschen, die arm sind und weniger als 1 $ pro Tag verdienen, nach allen verfügbaren Statistiken in den Blütejahren der Globalisierung signifikant abgenommen hat, sind die Früchte der Globalisierung offensichtlich doch recht ungleich verteilt.

Skeptisch sollte man jedoch sein, wenn zur Begründung **neuer Freihandelszonen** und ausgeweiteter Globalisierung ganz konkrete Zuwächse an Exporten, Arbeitsplätzen und Bruttosozialprodukten prognostiziert werden – oft mit einer Stelle nach dem Komma, wie dies zuletzt bei der Planung einer Freihandelszone zwischen **Japan** und der **EU** oder beim geplanten **transatlantischen Freihandels- und Investitionsabkommen** (**TTIP**) zwischen der **EU** und den **USA** der Fall ist (du., Deutsche Wirtschaft feiert Beschlüsse der Welthandelsorganisation, FAZ 9.12.2013). Solche Werte erscheinen eher politisch gefärbt, denn wer kann angesichts so vielfältiger Einflüsse auf das Welt-Wirtschaftsgeschehen derartige **langfristige Effekte** genau berechnen, zumal es ja auch Unternehmen und nicht etwa die verhandelnden Behörden sind, die Wachstum und Arbeitsplätze schaffen (Vgl. Liebrich, Schöngerechnet, SZ 25.10.2013).

Derartige Prognosen sind in ihrer Wirkung andererseits aber auch nicht zu unterschätzen, so wie beispielsweise diejenigen zur Unterstützung der Schaffung der Europäischen Union: Der **„Cecchini-Bericht"** gab seinerzeit vor, nachweisen zu können, wie hoch die volkswirtschaftlichen Verluste in den beteiligten Ländern sein würden, wenn es keine Einigung gäbe: Nachzuprüfen waren diese Prognosen glücklicherweise nicht!

Dass nationale Regierungen durch die Globalisierung und durch überregionale Zusammenschlüsse an **Autonomie** verlieren, ist ebenso richtig, wie es falsch ist zu behaupten, die Nationen hätten in Zukunft im Grunde gar nichts mehr zu entscheiden. Auf die Aktivseite der Bilanz der Globalisierung – bezogen auf die Staaten – fällt jedenfalls die Beobachtung, dass sich dadurch die **Transparenz** über das Geschehen vor Ort verbessert und so die **Freiheit** der Bürger, die **Menschenrechte** wie überhaupt die **Rechtsstaatlichkeit** mehr Chancen als in der Vergangenheit erhalten, verwirklicht zu werden. *„Die Ergebnisse* (neuerer empirischer Studien, Anm. des Verf.) *sind eindeutig: Die Lage der Menschen- und Frauenrechte hat sich im Zuge der Globalisierung deutlich verbessert“* (Potrafke, Das Zerrbild der Globalisierung, FAZ 13.1.2014).

Menschen

Auch bei den Menschen fällt die Bilanz der Globalisierung insgesamt positiv aus: als **Verbraucher** verfügen sie über eine immer größere – und zumeist billigere – **Produktauswahl**, von der sie früher nur hätten träumen können, und zwar nicht nur die gern – als Negativbeispiel – zitierten „Erdbeeren im Winter“. Nur noch wenige Menschen leiden unter Kriegen, weniger jedenfalls als vor, nach oder im I. oder II. Weltkrieg, und die meisten Menschen auf der Welt können inzwischen problemlos grenzüberschreitend **reisen**. Wer als Globalisierungsgegner eher die heimische Industrie oder den heimischen Anbau agrarischer Produkte unterstützen möchte, hat darüber hinaus zumeist die Möglichkeit, dies bei seinen Kaufentscheidungen zu berücksichtigen.

Anders hingegen sieht es bei den **Arbeitnehmern** aus: Auch wenn sich die Beschäftigungslage wegen der Globalisierung weltweit insgesamt verbessert hat, ist doch häufig genug zu beobachten, dass wegen der räumlichen Verlagerung von Fabriken Jobs in teuren Industrieländern verloren gehen und in Billiglohnländern neu entstehen. Während in letztgenannten Ländern eher niedrig qualifizierte Mitarbeiter benötigt werden – und auch in ausreichender Zahl zur Verfügung stehen –, entsteht in den entwickelten Staaten ein zunehmender Bedarf an hoch qualifizierten Arbeitskräften – der immer häufiger nicht in vollem Umfang befriedigt werden kann.

Somit fallen bei den beteiligten oder betroffenen Menschen die Urteile über die Globalisierung recht unterschiedlich aus, je nachdem, ob sie sich eher zu den Gewinnern oder zu den Verlierern der Globalisierung zählen. In den meisten beobachteten Ländern gibt es einen Bodensatz von ca. 25% der Befragten, die in der Globalisierung eher Nachteile sehen, sogar in Deutschland, das doch ganz offensichtlich einer der ganz großen Gewinner der Globalisierung ist. Oft genauso viele Menschen sehen jedoch eher die Vorteile der Globalisierung, vielleicht auch deshalb, weil sie persönlich davon profitieren. Die Mehrheit der Befragten jedoch sieht die Globalisierungsbilanz durchaus differenziert, sie sieht darin sowohl **Vor-** als auch **Nachteile**.

Mit Blick auf die Folgen der Globalisierung auf **Umwelt** und **Klima** hingegen sehen die meisten Bürger eher Nachteile und Probleme, was nicht verwundert, werden die Rohstoffe weltweit doch massiv abgebaut, wird die Umwelt durch die Industrialisierung doch stark belastet, und werden die Produkte oft mehrfach kreuz und quer über den Globus transportiert, bis sie schließlich beim Endverbraucher landen. Auch missfällt vielen Bürgern, dass unsere **Bevölkerung** immer mehr aus den **verschiedensten Ethnien** zusammengemischt wird und dass der ***„american way of life“*** für viele junge Leute das Maß aller Dinge zu sein scheint. Aber auch für diese Probleme gilt der Satz: *„There is no free lunch*“. Will man das eine haben – die Vorteile der Globalisierung –, muss man das andere – deren Nachteile – wohl auch in Kauf nehmen oder daran arbeiten, diese zu verringern.

Ein massiver Vorwurf der Globalisierungsgegner lautet, dass sich die reichen Länder sozusagen *„auf den Schultern der armen Menschen in den Entwicklungsländern ein bequemeres Leben vergönnen“*, dass sie also, wie in Zeiten der Sklaverei, andere für sich arbeiten lassen und selbst davon massiv profitieren, zum Beispiel durch billige Preise. Diese Aussage hat in der letzten Zeit besondere Aktualität gewonnen, als mehr und mehr bekannt wurde, dass die billigen Textilangebote hierzulande mit äußerst problematischen **Arbeitsbedingungen** und **Hungerlöhnen**, zum Beispiel in Bangladesch und in Indien erkauft werden (Vgl. Hein, Im Lager unserer Sklavinnen, FAZ 17.4.2014).

Offiziell tun die hiesigen Textilanbieter wie **H&M**, **Zara**, **Kik** etc. inzwischen zwar vieles, um solche Missstände zu vermeiden, machen (oder machten) aber beide Augen zu, wenn ihnen von örtlichen Agenten billigste Produktions-Angebote gemacht werden (oder wurden). Andererseits würde es ohne diese problematischen Produktionsbedingungen der einheimischen Bevölkerung den

Entwicklungsländern, finanziell gesehen, vermutlich noch schlechter gehen. Aber müssen für Billigangebote in unseren vergleichsweise reichen Ländern wirklich auch Menschen sterben, weil in den Fabriken einfachste Arbeitsschutzbestimmungen negiert werden? Wenn schon **politischer Druck** und landesinterne Maßnahmen wie (Tarif-)Lohnsteigerungen nicht ausreichen, um notwendige Verbesserungen zu bewirken (Vgl. Hein, Asiens Regierungen erkaufen sich Ruhe der Arbeiter, FAZ 2.2.2013), dann können es auf Dauer nur öffentlichkeitswirksame **Informationen** und **Aktionen** gegen die wahren Verursacher (oder Dulder) sein, bis hin zu einem Boykott des Kaufs von so produzierten Artikeln durch die **Verbraucher**, die vielleicht notwendige Veränderung bewirken. Denn ein Produkt, das nicht gekauft wird, braucht auch nicht produziert zu werden, wie billig es auch immer ist! Da die Verbraucher, wie beschrieben, ebenfalls wesentliche Treiber der Globalisierung sind, haben sie es im Grunde auch in der Hand, die damit verbundenen, nicht akzeptablen Konsequenzen abzustellen bzw. abstellen zu lassen. Inwieweit dies dann den Menschen in den Entwicklungsländern tatsächlich nützt, wäre zuvor jedoch genau zu analysieren. Zu befürchten ist, dass dann „die Karawane weiterzieht", die Produktionsstätten in andere Länder (wie Kambodscha) verlagert werden und Tausende von Mitarbeitern ihre Arbeitsplätze verlieren.

Unternehmen

Kommen wir schließlich zu **Industrie**, **Handel** und **Dienstleistungen**, die Gegenstand dieser Untersuchung sind. Abgesehen von den Verlierern im globalen Wettbewerb, die es natürlich auch gibt, und die oft genug nicht wegen zu viel Globalisierung, sondern eher wegen unterlassener Internationalisierung Probleme bekommen, überwiegen für die meisten Unternehmen die Vorteile der Globalisierung. Man denke dabei nicht nur an die erheblichen **Absatzpotenziale** in vielen Ländern der Welt, sondern insbesondere auch an die ungeheuren **Synergien**, die sich im vergrößerten Weltmaßstab für die **Kosten** und die **Produktivität** ergeben, die nicht zu erschließen wären, würde man sich auf nur ein Land konzentrieren. Insofern tragen globale Unternehmen natürlich auch zur Arbeitslosigkeit bei, liegt es doch auf der Hand, dass aufgrund der **„economies of scale"** mit erheblich weniger Beschäftigten erheblich mehr und somit billiger produziert werden kann, wenn man statt vieler Werke in vielen Ländern womöglich nur noch eine zentrale **„Weltfabrik"** in einem Land unterhält.

Bei allen Vorteilen der Globalisierung für die Unternehmen muss man aber auch berücksichtigen, dass der globale Markt auch ein recht **rutschiges Parkett** ist. Macht man zum Beispiel in irgendeinem Land der Welt einen massiven Fehler, kann dies in anderen Ländern und auch im Heimatland zu starken Turbulenzen führen (**Rückkopplungen!**). Diese Gefahr hat angesichts von „shitstorms" inzwischen deutlich zugenommen, was allerdings auch disziplinierend wirken kann. Denn führt man sich auf der Welt nicht als „good citizen" auf, ist man nahezu überall auf der Welt rasch der „bad boy", dessen Produkte gemieden werden. Die **Weltöffentlichkeit** ist, Transparenz und korrekte Informationen vorausgesetzt, im Grunde die beste **„corporate governance"** und natürliche Garantie für die Einhaltung ethischer Grundsätze bei Produktion, Verkauf, Verwaltung und Finanzierung.

Abgesehen von derartigen **Reputationsrisiken** dürfen bei der Globalisierung aber auch die normalen **wirtschaftlichen Risiken** der Unternehmen nicht unterschätzt werden. Es sind nicht nur die kleinsten und am wenigsten erfahrenen Firmen, die sich auf dem globalen Parkett derart verspekulieren, dass dadurch ihre eigene solide Existenz im Heimatland gefährdet wird. Auch namhafte Großbetriebe sind darunter, wie beispielsweise **BMW** mit dem Kauf von **Rover**, **Daimler-Benz** mit der Übernahme von **Chrysler** oder zuletzt **Thyssen-Krupp** mit neuen, verlustreichen Stahlwerken in Nord- und Südamerika.

Waren es früher oft **Währungs-Turbulenzen** oder die Sorge, das eingesetzte **Kapital** aufgrund von Enteignungen teilweise oder komplett zu **verlieren** oder die erzielten Gewinne nicht **repatriieren** zu können, die die Internationalisierung behindert oder gefährdet haben, liegen die Risiken eines Fehlschlags heutzutage eher im **Markt**, wie zum Beispiel an mangelhaften **Informationen** über die Lage und Entwicklung auf den Märkten, an heftigen Reaktionen der **Wettbewerber**, an falschen Einschätzungen des **Potenzials**, wie auch an staatlichen **Interventionen**, die einem das Leben im Ausland schwer machen können. Letzteres zeigt sich zunehmend in **China**, einem Land mit nur scheinbar „unbegrenzten Möglichkeiten": Wenn zum Beispiel der Staat selbst, der dort mit den heimischen Anbietern unheilvoll verbunden ist, versucht, den „Eindringlingen" aus dem Ausland das Leben schwer zu machen und einheimische Betriebe zu stärken, dann verfügt man aus dieser Position heraus natürlich über Möglichkeiten zu Schikane oder Abwehr, die in rechtsstaatlichen Demokratien kaum denkbar wären. So berichteten chinesische Staatsmedien 2013 von angeblich *„gesundheitsschädlichen Dämpfen in Fahrzeugen von* (ausgerechnet! Anm. des Verf.) ***BMW, Mercedes** und **Audi**“*, verbunden wohl mit der Hoffnung, dass weniger Autos dieser Hersteller und mehr von heimischen Produzenten gekauft würden (itz, Deutsche Autohersteller weisen Chinas Kritik zurück, FAZ 8.4.2013).

Ob es in Zukunft wieder mehr Risiken aus schwankenden Währungen geben wird, bleibt abzuwarten. In der Tat haben zuletzt politische und wirtschaftliche Verwerfungen teilweise wieder zu hohen Währungsverlusten einiger Firmen geführt (Vgl. Kno., Dax-Konzerne erleiden erhebliche Währungsverluste, FAZ 21.3.2014). Je mehr man allerdings mit Währungsverlusten rechnen kann oder muss, umso eher kann man sich dagegen auch schützen, z.B. durch Währungs-Sicherungs-Geschäfte. Gleichwohl wären verstärkte Währungsschwankungen in der Zukunft ein kräftiger Dämpfer für die weitere Entwicklung internationaler Austauschprozesse und damit auch der Globalisierung.

Aber es gibt darüber hinaus weitere Risiken im internationalen Geschäft: Dies sind zum Beispiel unangemessen hohe **Regress**- oder **Schadenersatz**-Forderungen, die z.B. im Falle des Dienstleisters **Dussmann** dessen kompletten Rückzug aus den Überseeaktivitäten bewirkt haben: Dort hatten zwei Firmen-Mitarbeiter in ihrer Freizeit (!) unerlaubt ein Firmenfahrzeug benutzt und damit eine schwangere Frau überfahren. Dafür haftbar gemacht und mit extrem hohen Schadensersatzforderungen konfrontiert wurde aber das Unternehmen selbst (itz., Dussmann holt sich in Amerika eine blutige Nase, FAZ 9.5.07). Bekannt ist auch der Fall der **Schindler**-Aufzüge in Japan, bei deren unsachgemäßer Reparatur durch eine Fremdfirma (!) ein Mensch zu Tode kam (pwe., Schindler steht in Japan weiter am Pranger, FAZ 30.9.2009): Aufgrund der negativen Presse kriegt diese Firma nach wie vor kein Bein auf diesen ohnehin schwierig zu erobernden Markt.

Nun könnte man argumentieren, derartige Risiken gäbe es auch bei rein nationalen Marketingaktivitäten. Das stimmt, jedenfalls teilweise, nur sind die ausländischen Risiken eben oft erheblich größer, schwerer einzuschätzen und abzuwenden und oft nicht auf das Land beschränkt, in dem die originären Probleme entstanden sind. Risiken und Chancen der Internationalisierung liegen oft sehr eng beieinander, sind aber, sonst gäbe es die vielen Erfolgsgeschichten auf dem Weltmarkt nicht, durchaus zu handhaben.

Zusammenfassung

Die Bewertung der Globalisierung soll mit einem in der FAZ vom 16.12.2008 veröffentlichten Gastkommentar von Kasper Rorsted, dem CEO von **Henkel**, mit dem Titel **„Die Schwerkraft der Globalisierung“** zusammengefasst werden. Er schrieb, wir seien bisher offenbar nicht in der Lage gewesen, die Globalisierung richtig zu verstehen. Globalisierung sei kein Nullsummenspiel, in dem die einen etwas verlieren und die anderen etwas gewinnen. Das hieße aber nicht, dass sie keine Verlierer kenne. Wir könnten (und wollten) die Globalisierung aber nicht aufhalten, sie biete Chancen für uns alle. Deutschland jedenfalls sei einer der großen Gewinner der Globalisierung. Natürlich müsse sich die Globalisierung auch der Kritik stellen (Kinderarbeit, Lohndumping, Bestechung, Umweltverschmutzung etc.), und die Unternehmen müssten sich ihrer sozialen Verantwortung bewusst sein. Denn nur eine in allen Richtungen gelebte Unternehmensverantwortung würde die Akzeptanz der Globalisierung auf Dauer tief verankern. Wir als Deutsche müssten uns jedoch anstrengen, auch in Zukunft von der Globalisierung zu profitieren, und zwar durch verstärkte Bildung, die unser einziger Rohstoff und unsere beste Antwort auf die Globalisierung sei.

Dem ist nichts hinzuzufügen.

4. Wohin & wann internationalisieren?

4.1 Länder-Auswahl

Hat ein Unternehmen beschlossen, ins Ausland vorzustoßen und dafür die nötigen Voraussetzungen geschaffen, ist eine der ersten Fragen, **wohin**, d.h., in welches Land oder in welche Länder es zuerst gehen soll. Wenn diese Frage nicht schon vor der Entscheidung zu internationalisieren getroffen wurde, zum Beispiel, weil sich dafür geeignete Gelegenheiten anboten, muss man theoretisch eine Auswahl unter den insgesamt ca. 200 Ländern auf der Welt treffen. Erschwerend kommt hinzu, dass die Frage nach dem **„Wohin“** eng zusammenhängt mit den Fragen nach dem **„Wie“**, d.h. nach der Strategie, und nach dem **„Wann“**, d.h. nach der zeitlichen Abfolge: Eine Formel also mit vielen Unbekannten und daher auch eine fast unlösbare Aufgabe – zumindest theoretisch.

Bei der Frage nach dem **„Wohin nicht?“** liefert die Wissenschaft ausführliche Informationen, denn die **Risiken**, die einen Investor in einzelnen Ländern erwarten würden, werden in der Literatur zumeist sauber aufgelistet und jährlich aktualisiert. Man unterscheidet dabei zwischen **politischen** und **ökonomischen Risiken**, die wiederum nach **makroökonomischen** und **mikroökonomischen** Risiken unterteilt werden (Meffert/Bolz, 1998; Kutschker/Schmid, 2004). Bekannt ist der Business Environment Risk Index (**„BERI-Index“**), der wiederum in den **„ORI“** (Operations Risk Index), den **„PRI“** (Political Risk Index), den **„R-Faktor“** (Repayment Risk) und die **„POR“** (Profit Opportunity Recommendation) unterteilt wird. All diese Problemfelder werden separat bewertet und nach ihrer Bedeutung im konkreten Einzelfall gewichtet, so dass am Ende eine einzige kumulierte Indexzahl herauskommt (z.B. „43“). Eine derartige Zahl alleine sagt natürlich nichts aus, zeigt aber auf, inwieweit in diesem Land im Zeitvergleich eine Verbesserung oder eine Verschlechterung eingetreten ist, oder aber, ob das Risiko in diesem Land im Vergleich zu anderen Ländern größer oder kleiner ist.

Das Problem bei der Auswahl der Länder nach derartigen Indices ist, dass die Risiken immer nur eine Seite der Medaille darstellen, auf der anderen Seite aber **Chancen** existieren, die von der **Marktgröße** und deren **Dynamik**, dem herrschenden **Wettbewerb**, der **Entscheidungsfreiheit** etc. abhängen. Wie also den **„trade off"** der **Chancen** mit den **Risiken** abwägen? Soll man z.B. eher in Länder gehen, in denen der Konsum für die angebotenen Produkte bereits hoch entwickelt ist, die aber gleichzeitig stark konkurrenziert sind, oder lieber in Länder, die bezogen auf die angebotene Produktkategorie im wahrsten Sinne des Wortes noch Entwicklungsländer und daher auch noch weniger konkurrenziert sind? Soll man eher in ärmeren, weniger entwickelten, oder eher in reicheren, besser entwickelten Ländern investieren?

Darüber wird in Wissenschaft und Praxis heftig diskutiert: Während zum Beispiel Coimbatore Krishnao **Prahalad** dafür plädiert, mehr für die armen Länder zu tun und geeignete Produkte für die dortige Bevölkerung zu entwickeln (Prahalad, 2010), fokussieren viele internationale Konzerne auch in den armen Ländern oft genug auf die dort ansässigen wohlhabenden Verbraucherschichten. Trotz geringen Durchschnittseinkommen der Bevölkerung gibt es auch in diesen Ländern zumeist eine ausreichend große Gruppe gut oder sogar sehr gut verdienender Kunden, was z.B. der deutschen Automobilindustrie ermöglicht, auch in armen Ländern relativ teure Autos zu verkaufen.

Seitdem in der an sich wohlhabenden EU einige (Süd-)Länder in die Krise geraten sind, beginnen aber auch die globalen Konzerne, im Sinne eines **„downsizing"** für ärmere Verbraucherschichten technisch und physisch abgespeckte, in geringeren Mengen abgepackte und letztlich billigere Produkte anzubieten (**„Gut-genug-Produkte"**) (Scharrenbroch, Zuverlässig und ohne Schnickschnack, FAZ 3.1.2014). Denn natürlich will man auch in diesen Regionen Fuß fassen, die erreichten Marktpositionen sichern und das Terrain keinesfalls den Wettbewerbern überlassen. Dass man die in reicheren Ländern angebotenen Produkte dort nicht einfach unverändert, nur billiger anbieten kann, liegt auf der Hand: So schnell könnte man gar nicht schauen, wie sich daraus für gewitzte Unternehmer ein interessantes Re-Importgeschäft ergeben würde. Außerdem kann man mit einfacher ausgestatteten, leichter zu bedienenden und billiger zu reparierenden Produkten den lokalen Gegebenheiten erheblich besser entsprechen und nicht weniger Geld verdienen als mit den höher entwickelten Produkten. **Bosch** bietet z.B. inzwischen in den aufstrebenden Märkten „einfachere, aber robuste Produkte" an (sup., Bosch will es den Handwerkern einfach machen, FAZ 20.3.2014). Eine „win-win-Situation“ für Hersteller und Verbraucher.

Die Liste der Parameter, die bei der Auswahl der Länder zu berücksichtigten sind, ließe sich beliebig verlängern. Dazu kommt, dass man heute, wenn man von „Nationen“ spricht, nicht unbedingt die kompletten Länder betrachten muss, sondern möglicherweise nur die jeweiligen Haupt- oder Großstädte, die als **„Mega-Cities“** heute bereits über 50% der Weltbevölkerung beherbergen und bis 2015 mit 6,3 Mrd. Einwohnern zwei Drittel der Weltbevölkerung auf sich vereinen sollen (Vgl. Bronger, Metropolen, Megastädte, Global Cities: Die Metropolisierung der Erde, 2004; Bigalke, Traum oder Alptraum, SZ 5.9.2013). In diesen Städten gibt es eine kommerziell besser nutzbare Infrastruktur (wie Administration, Logistik, Kühlketten etc.), während die Vermarktung und die physische Distribution auf dem **Land**, besonders in den Entwicklungsländern, oft noch große Probleme aufwirft.

Um die vielfältigen, oft widersprüchlichen Informationen bei der Länderwahl geeignet zusammenzufassen und daraus richtige Entscheidungen abzuleiten, bieten sich drei bewährte Verfahren an:

- Die **Portfolio-Analyse** ermöglicht es, alle betrachteten Länder nach ihren **Absatzchancen** bzw. ihrer Marktattraktivität einerseits und nach den **Risiken** bzw. Marktbarrieren andererseits gegenüber zu stellen: Länder mit großen Potenzialen und mit geringen Barrieren sind die beste Wahl (**Kernmärkte**), vergleichbare Märkte mit höheren Risiken werden vielleicht erst später einmal angegangen (**Hoffnungsmärkte**). Märkte mit niedrigen Potenzialen und hohen Risiken werden logischerweise links liegen gelassen (**Abstinenzmärkte**), während kleine Märkte mit geringen Risiken früher oder später, oft eher zufällig, erobert werden (**Gelegenheitsmärkte**) (Backhaus/Büschken/Voeth, 2010).

- Mit der **SWOT-Analyse** kann man die betrachteten Länder und das eigene Unternehmen nach den landesbezogenen **Stärken** (**s**trengths) und **Schwächen** (**w**eaknesses) einerseits, den **Chancen** (**o**pportunities) und **Risiken** (**t**hreats) auf dem Markt andererseits ordnen. So erhält man einen gesamthaften Überblick über die in Frage kommenden Länder und kann diejenigen herausfiltern, auf denen beispielsweise die Risiken gering, die Markchancen hingegen genügend groß und die eigenen Stärken (wie z.B. Vertriebsorganisation) erfolgversprechend sind.

- Am Ende der Länderanalyse kann auch eine **stufenweise Länderselektion** stehen, die, ausgehend von allen betrachteten Ländern, zunächst diejenigen ausscheidet, die – aus welchen Gründen auch immer – von vorneherein **ausscheiden**, zum Beispiel, weil sie politisch als zu riskant erscheinen. Von den verbleibenden, theoretisch **machbaren** Ländern werden diejenigen abgezogen, die wenig **interessant** sind, zum Beispiel, weil die Märkte dort zu klein sind. Von den restlichen Ländern, die an sich interessant sind, werden die aussortiert, die nur **schwer zu erobern** sein dürften, zum Beispiel, weil sie fest in den Händen starker Wettbewerber sind, oder weil es unüberwindbar scheinende Eintrittsbarrieren gibt. Alle **verbleibenden** Länder sind grundsätzlich interessant und machbar. Von denen legt man aus operativen Gründen zunächst eine gewisse Anzahl erst einmal auf die Seite, um sie erst **zu einem späteren Zeitpunkt** zu erobern, so dass nur noch die Länder übrig bleiben, die in einem **ersten Schritt**, ob nacheinander oder simultan, angegangen werden sollen.

Exkurs: Lohnt es sich, nach China zu gehen?

„Go for China" war und ist für viele global ambitionierte Unternehmen inzwischen nahezu ein Muss: Man sieht die gigantische Größe des Landes, seine dynamische Entwicklung und die Tüchtigkeit seiner Bewohner. Von all dem möchte man natürlich gern profitieren, sei es als Produktionsstandort oder als Absatzmarkt oder möglichst von beidem. Ebenso verständlich ist es, dieses riesige Land nicht einfach den Wettbewerbern zu überlassen.

In der Tat ist es inzwischen vielen Unternehmen – und nicht nur den immer wieder zitierten Automobilfirmen – gelungen, auf dem chinesischen Markt Fuß zu fassen und günstige Herstellkosten und / oder gute Umsätze und Gewinne zu realisieren. Oft genug geschieht das zusammen mit örtlichen Partnerfirmen, die sich auf dem schwierigen chinesischen Parkett, auf dem Politik und Wirtschaft (zu) eng zusammengebunden sind, gut genug auskennen – von der schwierigen Landessprache einmal ganz abgesehen.

Wenn da nur nicht das Risiko wäre, dass man in China der Politik nicht so recht trauen kann und beispielsweise im Falle eines Streits nur wenig Aussichten hat, sein Recht zu bekommen. Hinzu kommt die berechtigte Sorge, dass die Chinesen früher oder später – zum Beispiel, wenn sie gelernt haben und kopieren können, was und wie westliche Firmen so erfolgreich produzieren und vermarkten, – das Szepter selbst in die Hände nehmen und die dann nicht mehr benötigten ausländischen Investoren wieder aus dem Land vertreiben – mit eher (aus unserer Sicht) illegalen Methoden, immer aber mit staatlicher Unterstützung.

Beispiele dafür gibt es immer häufiger, zuletzt verstärkt in der Automobilbranche: Die – oft von höchster Stelle in der Regierung – dafür initiierten Schikanen reichen von unerwarteten Behörden-Auflagen beim Bau von Werken, von plötzlichen Umweltauflagen (die chinesischen Firmen nicht abverlangt werden), der Drohung mit Strafzöllen, von überkritischen Verbraucherberichterstattungen in Staatsmedien bis hin zu staatsanwaltschaftlichen Ermittlungen wegen angeblichen Verstößen gegen den Wettbewerb (cru., Von Pekings Gnaden, FAZ 3.8.2013; o.V., Peking setzt westliche Firmen unter Druck, FAZ 22.8.2013).

Inzwischen sind viele westliche Automobilfirmen gezwungen worden, Tochterfirmen mit eigenen – chinesischen – Marken zu gründen, die natürlich mit ausländischer Technologie ausgestattet sind (cru., Deutsche Autos süß-sauer, FAZ 19.8.2013). Die betroffenen westlichen Unternehmer verkünden bei einer solchen Gelegenheit zwar gerne, davon seien sensible Erfindungen und Technologien nicht betroffen, machen sich selbst aber vermutlich nichts vor, dass dies auf Dauer so nicht zu halten sein wird. Die meisten ausländischen Firmen, die in China aktiv sind, werden daher versuchen, bis zum Zeitpunkt der Übernahme des Geschäfts durch die Chinesen die gebotenen Chancen wahrzunehmen und bis dahin zumindest ausreichende „windfall profits“ einzufahren.

Aber es geht nicht nur um die Zusammenarbeit mit den Chinesen in China: Dank ihrer gewaltigen Devisenüberschüsse und angesammelten Gewinne sind viele chinesische Firmen inzwischen weltweit auf der Suche nach geeigneten Aktivitäten und Akquisitionen und zeigen sich dabei durchaus als gut beleumundete und gern gesehene Partner, insbesondere in Unternehmen, die ohne chinesische Unterstützung kaum noch lebensfähig wären.

„Go for China“ muss in Zukunft also ersetzt werden durch „Go with the Chinese“, denn so oder so wird die „chinesische Karte“ in Zukunft zur Standardausrüstung jedes global agierenden Unternehmens gehören.

Was in der Praxis als strategisch geplantes Vorgehen bei der Länderauswahl aussieht oder als solches interpretiert wird, entpuppt sich bei näherem Hinsehen oft genug als eine rein **emotionale** Entscheidung der obersten Führungsebene, wenn nicht gar als **willkürlich**. Das Motto lautet dabei: *„Kürzlich war ich* (der Vorstandsvorsitzende oder Eigentümer) *in XYZ, ein tolles Land. Da ist mir aufgefallen, dass unser Wettbewerber ABC schon sehr stark vertreten ist. Wir müssen dort ebenfalls vertreten sein!"* Auch spielt oft der **Zufall** eine große Rolle, beispielsweise nach einer überraschend möglich gewordenen Akquisition eines Unternehmens, das bereits in vielen der anvisierten Länder vertreten ist.

Nicht unerwähnt bleiben soll im Zusammenhang mit der Länderwahl die **internationale Marktforschung**, die die schwierige Aufgabe hat, entsprechend den von dem Auftraggeber vorgegebenen Kriterien die Länder zu selektieren, die möglichst bald, eher später oder gar nicht aufgeschaltet werden sollen. Derartige Grobanalysen werden im Verlauf des Entscheidungsprozesses für die erst genannten Länder zu verfeinern sein, wobei schließlich **persönliche Besuche** der Entscheidungsträger (z.B. „store checks") in den entsprechenden Ländern sinnvoll sind, um gegebenenfalls zusätzliche und bislang nicht berücksichtigte Einflussfaktoren erkennen und bewerten zu können.

4.2 (Nicht) tarifäre Barrieren

Werden in Freihandelsabkommen typischerweise Einfuhrzölle, Warenkontingente, Konventionalstrafen etc. („tarifäre Barrieren") vereinbart, kommt inzwischen den „nicht-tarifären" Handelshemmnissen eine immer größere Bedeutung zu. Darunter versteht man alle offiziellen und inoffiziellen Regeln, die direkt oder indirekt erreichen sollen, dass Produkte oder Dienstleistungen, die den einheimischen Angeboten unliebsame Konkurrenz machen würden, vom eigenen Markt ferngehalten werden. Man spricht hier gern auch von „Handelsschranken hinter der Grenze".

Das können zum Beispiel bürokratische Hindernisse, tatsächliche – oder unterstellte – **Mängel** am Produkt sein oder die Nicht-Einhaltung vorgeschriebener **Produkt-** oder **Sicherheitsstandards,** wie z.B. die europäische Vorschrift, dass PKW's mit einklappbaren Rückspiegeln ausgerüstet werden müssen, was in den USA nicht der Fall ist, während dort die Autos rot blinken müssen, in der EU hingegen orange (Vgl. geg., Die Schwierigkeiten mit der internationalen Normung, FAZ 11.4.2013). Andere Handelsbarrieren können z.B. geforderte **Sicherheitsstandards** sein oder das Verbot von **Hormonen** oder **Gentechnik** in der Landwirtschaft, **Kennzeichnungsregeln** oder zunehmend auch strenge **Umweltauflagen** (Vgl. rike., Exporteure stoßen zunehmend auf Hindernisse, FAZ 2.8.2013). Derartige Handelsbarrieren haben trotz der üblichen Beschwörung der Unterstützung eines freien Welthandels in der letzten Zeit deutlich zugenommen, worauf die WTO bei Vorlage ihres Jahresberichts im Juli 2012 hingewiesen hat (ppl., WTO beklagt Handelsbarrieren, FAZ 17.7.2012).

Fast könnte man inzwischen von der Entstehung neuer **Handelskriege** sprechen, zumal die von derartigen Verdikten betroffenen Länder quasi als „Retourkutsche" versuchen, Produkte aus den blockierenden Ländern im möglichst gleichen Warenwert vom Import auszuschließen, wie das Beispiel der chinesischen Blockade der „Chlorhähnchen" (mit Chlor sterilisierte Tiefkühlhähnchen) aus den USA gegen die amerikanische Blockade von billigen Autoreifen aus China zeigt. Beliebt sind auch die gegenseitigen Vorwürfe des (laut WTO illegalen) **Preis-Dumpings**, so wie Anfang 2013 diejenigen der EU gegen China bei den Solarmodulen und umgekehrt die von China gegen die EU, Japan und die USA bei nahtlosen Stahlrohren.

Die Ursachen für diese Verstöße gegen die reine Lehre liegen auf der Hand: In dem Maße, in dem die einheimische Wirtschaft generell unter schwacher Nachfrage und besonders unter zunehmender Importkonkurrenz leidet, steigt die Versuchung, eben diese zu verringern oder gar ganz auszuschalten. Da dies ein klarer Verstoß gegen vereinbarte Freihandelsabkommen wäre, bevorzugt man eben diese indirekten, subtilen und quasi legalen Handelshindernisse (Vgl. Schäfer, Globale Zweifel, SZ 14.6.2013). Besonders kurios ist der Fall Argentinien: Um die Knappheit der nötigen Devisen zu kompensieren und um die einheimische Wirtschaft zu unterstützen, fordert dieses Land von den importierenden Firmen ganz offiziell, dass z.B. für jeden Dollar importierter Produkte im gleichen Umfang heimische Waren gekauft und exportiert werden, was zum Beispiel **Porsche** in Deutschland zu einem großen Importeur von Weinen und Lederprodukten aus Argentinien werden ließ.

Aber nicht nur diese in aller Öffentlichkeit diskutierten – und oft nur schwer erkennbaren – Fälle machen globalen Firmen zunehmend Sorge: Es sind auch die zunehmenden Fälle von **„buy local"-Initiativen**, die die heimischen Verbraucher motivieren sollen, weniger Importprodukte und dafür lieber einheimische Produkte zu kaufen. Dagegen ist grundsätzlich nichts einzuwenden, es sei denn, die Regierung selbst fordert dazu auf, wie dies kürzlich mit dem **„Buy American Act“** in den USA geschehen ist und was zu heftiger Kritik außerhalb der USA geführt hat (Vgl. o.V., Ohne Anschnallgurt in den Freihandel, FAZ 10.5.2013).

Aber auch der sogenannte **„Country of Origin“-**Effekt stellt ein – wenn auch völlig legales – Handels-Hindernis dar, nach dem das Herkunftsland eines derart ausgelobten Produktes per se für eine bessere Qualität sprechen und damit einen Wettbewerbsvorteil bzw. Schutz vor Nachahmung bieten soll, wie z.B. „Käse aus Frankreich“ oder „Nürnberger Bratwürste“. Allerdings kann man in derartigen **Image-Barrieren** auch das Ergebnis gekonnter **Marketing-Strategien** erkennen, gegen die in einem freien Markt grundsätzlich nichts einzuwenden ist. Dennoch sind derartige Schutz-Zäune den internationalen Handelsorganisationen buchstäblich „ein Dorn im Auge“ und werden daher nur im äußersten Falle und nach gründlicher Prüfung zugestanden.

Überhaupt ist das (internationale) **Marketing** ein Instrument, den eigenen Produkten möglichst eine – oft nur psychologische – **Alleinstellung** im Markt zu verschaffen und diese so unvergleichbar und so begehrenswert wie nur möglich zu machen, so dass eine staatlich verordnete oder empfohlene Veränderung der Nachfrage ins Leere läuft. In der Tat betreffen derartige Handelsbeschränkungen in erster Linie **homogene**, nicht markierte Produkte wie **Rohstoffe** (z.B. Stahl) oder **agrarische Produkte** (z.B. Fleisch), während **markierte Produkte** von derartigen Schikanen nur am Rande betroffen sind. Aber man soll den Tag nicht vor dem Abend loben: Es ist nicht auszuschließen, dass eines Tages auch Markenprodukte in den Fokus von nicht tarifären Handelsschranken geraten, wenn nationale Regierungen die im eigenen Land hergestellten Produkte vor unliebsamer Konkurrenz schützen wollen.

Hinter diesen zunehmenden, den freien Handel beschränkenden Maßnahmen scheint eine Tendenz auf, die eine Art Gegenströmung darstellt zu dem über Jahrzehnte aufrechterhaltenen Dogma von den quasi grenzenlosen Vorteilen eines freien (Welt-)Handels. Diese Entwicklung ist inzwischen auch in solchen Ländern zu beobachten, in denen man über Jahrzehnte versucht hatte, die Staaten von Eingriffen in den Markt abzuhalten. Seit sichtbar wurde, u.a. im

Zusammenhang mit der Finanzkrise 2008 / 2009, dass das „freie Spiel der (Markt-)Kräfte" nicht immer und überall nur positive Wirkungen zeigte, fühlte man sich mehr und mehr dazu berufen, die Märkte zu regulieren und Auswüchse zu verhindern.

Grundlage dieses zunehmend kritisierten Paradigmas ist die These von **Adam Smith**, dass nur ein freier Markt und der Egoismus der Marktteilnehmer für ein Maximum an Wohlstand einer Gesellschaft sorgen können. Inzwischen gilt aber für immer mehr Länder, dass ihnen „das Hemd näher liegt als der Rock", so dass man versucht, durch staatliche Eingriffe in den Markt unliebsame Auswirkungen eben dieses freien Marktes zu verhindern und so z.B. heimische Arbeitsplätze zu schützen. So sinnvoll derartige „Operationen am offenen Herzen" oft auch sein mögen: Man riskiert dabei allerdings auch, dass „der Schuss nach hinten losgeht" und die eigene Bevölkerung darunter letztlich eher zu leiden hat als davon profitiert. Es wird in Zukunft daher spannend sein zu erleben, welche Wirkungen diese Art von nicht tarifären Barrieren und staatlichen Eingriffen in den freien Markt noch haben werden.

Exkurs: Warum sind eigentlich einige Länder reich und andere nicht?

Lange Zeit galt in der Entwicklungshilfe der vom Internationalen Währungsfonds (IWF) propagierte „Washington Consensus", demzufolge die Einführung des „amerikanischen Modells der freien Wirtschaft" zur Voraussetzung für finanzielle Unterstützung von Entwicklungsländern gemacht wurde: Deregulierung, Entbürokratisierung, freiheitliche demokratische Grundordnung, frei gewählte Parlamente, Gewaltenteilung etc. waren die entsprechenden Stichworte. Genau nach diesem Muster sollten nach den Kriegen zuletzt auch Länder wie der Irak und Afghanistan wieder aufgebaut werden.

Das hat so leider nicht immer funktioniert: Schlechte Regierungsführung, hohe Steuern, Korruption, ungesicherte Eigentumsrechte sind neben anderen Faktoren (wie z.B. mangelnde Bildungschancen, religiös motivierter Ideologiestreit) nach wie vor das größte Hindernis für eine gedeihliche Entwicklung in vielen Ländern. Umgekehrt hat die dynamische Entwicklung von Chinas Wirtschaft bei vielen Beobachtern den Verdacht gestärkt, dass womöglich ganz andere Faktoren dafür verantwortlich sind, dass einzelne Länder reich werden und andere arm bleiben (Vgl. Fink, Schneller wachsen ohne Demokratie, Die Zeit 17.1.2013). Man spricht inzwischen auch vom „Beijing Consensus" im Gegensatz zum o.a. „Washington Consensus".

Zuletzt hat der Unternehmensberater Prof. Dr. Hermann Simon eine Studie veröffentlicht, warum gerade Deutschland international so wettbewerbsstark geworden ist. Er zählt dafür 13 Gründe auf, die etwas von den bislang unterstellten Einflussfaktoren abweichen, wie zum Beispiel die historische Kleinstaaterei mit der damit verbundenen starken Konkurrenz untereinander, geeignete Industriecluster, Mentalität der Beteiligten, duale Berufsausbildung sowie Fragen der Unternehmenskultur (Simon, Deutschlands Stärke hat 13 Gründe, FAZ 15.10.2012).

Inzwischen weiß man also, dass eher unternehmerische Freiheit, offene Märkte, verlässliche Eigentumsregeln, maßvolle Steuern und stabile Währungen notwendige Voraussetzungen für Wachstum und Reichtum sind – abgesehen von wertvollen Rohstoffquellen wie z.B. Öl. Wie dann aber der Ertrag aus der Erschließung derartiger Reichtümer an die Bevölkerung verteilt wird, hängt in erster Linie von den jeweiligen politischen Gegebenheiten ab, die, wie das Beispiel Nigeria zeigt, leider nicht überall auf der Welt vorbildlich sind (Vgl. dazu: Acemoglu/Robinson, 2013; Landes, 1999; Bernstein, 2005; Collier, 2008; Deaton, 2013).

Der Verweis auf die wahren Ursachen von Wohlstand und Armut soll beweisen, dass nicht etwa die Globalisierung Schuld hat an der Armut von Milliarden Menschen auf der Welt. Nicht zu viel Globalisierung, sondern eher zu wenig Teilnahme an der Globalisierung und insbesondere schlechte politische Führung scheinen nach wie vor die Hauptursachen dafür zu sein, dass viele Länder, insbesondere solche in Afrika, nicht „aus den Startlöchern“ kommen.

4.3 Zeit-Strategien

In der Literatur (Vgl. u.a. Meffert/Bolz, 1998; Backhaus/Büschgen/Voeth, 2010) werden für die zeitliche Abfolge des Eintritts in neue Länder drei Alternativen genannt, nämlich die „Wasserfall-Strategie“, die „Gießkannen-Strategie“ und „kombinierte Strategien“, also eine Mischung der beiden erst genannten Abfolgen. Jede dieser Strategien hat ihre Vor- und Nachteile:

- Kann man bei der **Wasserfall-Strategie** einerseits ein Land nach dem anderen bearbeiten und einmal gemachte Fehler im nächsten Land vermeiden, riskiert man bei dieser eher zeitaufwendigen Strategie andererseits, dass die Konkurrenz hellhörig wird und im Falle eines erfolgreichen Markteintritts versucht, noch nicht besetzte Länder vorab mit ähnlichen Angeboten oder Maßnahmen zu erobern. Dennoch macht diese Strategie Sinn, wenn man nicht über ausreichende finanzielle oder humanitäre Voraussetzungen verfügt oder den Eintritt in neue Märkte sorgfältig vornehmen bzw. sich durch den gleichzeitigen Eintritt in mehreren Ländern nicht verzetteln will. So sagte Ernst **Tanner**, der erfolgreiche Manager von **Lindt & Sprüngli** vor einiger Zeit: *„Unser Ziel ist es, in jedem Jahr ein neues Land zu akquirieren"* (Mrusek, „Qualität ist für uns wichtiger als Swissness", FAZ 9.12.2004). Auch Dirk **Graber** vom Internetbrillenhändler Mister **Spex** kündigte an, in jedem Jahr einen neuen ausländischen Markt betreten zu wollen (Gropp, Durchblick im Internet, FAZ 8.4.2013). Das war Ulrich **Hemel** bis zu seinem Ausscheiden bei Paul **Hartmann** allerdings nicht genug, denn er postulierte: *„Um ein wirklich globaler Player zu werden, werden wir jedes Jahr zwei neue Niederlassungen in der Welt eröffnen"* (Preuß, „In jedem Jahr gründen wir zwei Auslandsgesellschaften", FAZ 21.5.2002).

- Die **Gießkannen-Strategie** (oder „Sprinkler- bzw. Shower-Strategie") wird typischerweise bei äußerst innovativen Produkten (wie z.B. Handys, Computern, Fotoapparaten) eingesetzt, um diese sozusagen auf einen Schlag in allen interessanten Ländern der Welt gleichzeitig einzuführen. Bevor die Konkurrenz eine Chance erhält, diese Produkte oder Marketing-Strategien nachzuahmen, sind die vorhandenen Märkte bereits mit den eigenen Produkten besetzt. Eine derartige Strategie erfordert natürlich einen erheblichen finanziellen, personellen und organisatorischen Aufwand, ist aber umso leichter durchzuführen, je innovativer und gefragter das in all den neuen Ländern eingeführte Produkte ist.

- Weder die eine (Wasserfall-) noch die andere (Gießkannen-)Strategie werden auf Dauer in ihrer jeweiligen Reinform zu verwirklichen sein, hängt dies doch wesentlich davon ab, ob ausreichend Länder-Kandidaten zur Verfügung stehen. In der Praxis sind daher zumeist **kombinierte Strategien** zu beobachten, wonach in einem Jahr keine oder nur einzelne, in anderen Jahren jedoch mehrere Länder gleichzeitig aufgeschaltet werden, so wie dies z.B. im Falle der **Metro** geschah (Conradi, 1999).

Es erscheint jedoch unklug, vorab der Öffentlichkeit mitzuteilen, wann welche bzw. wie viele Länder angegangen werden sollen, denn auch hier gilt: *„Über ungelegte Eier spricht man nicht!"*. So teilte Günther **Fielmann** einmal mit: *„Nach der Expansion in die Schweiz, nach Österreich und die Niederlande wer-*

den wir nach Frankreich, Spanien, England und Polen gehen, wo wir einen (quantitativen) Marktanteil von 25% innerhalb von 5 Jahren erreichen wollen. Wir planen, dort kleinere Optiker-Filialen zu übernehmen, um die notwendige Infrastruktur zu erhalten" (o.V., Fielmann will nun auch in Westeuropa stärker Fuß fassen, FAZ 15.4.2003). Sollten diese Marktanteile schließlich nur 10% oder 20% betragen, was u.U. auch ein gutes Ergebnis wäre, oder würden sich die zitierten „kleineren Filialen" weigern, an Fielmann zu verkaufen, wird für jedermann ersichtlich, dass die Eintrittsstrategie jedenfalls weniger erfolgreich war als geplant.

Bei der Frage nach dem „wann" und „wohin" spielt auch die Überlegung eine Rolle, ob man **Erster** (Innovator) am Markt sein will oder sich mit der Rolle eines **Nachfolgers** (Follower) begnügt. *„Who wants to conquer the world, needs to start in time"* warb vor einigen Jahren das Startup-Unternehmen **„letsbuyit.com"** aus der Internet-Branche. Die **DHL** warb mit dem Slogan: *„Um die Nr. 1 zu werden, muss man Erster sein"*.

Die **„First Mover-Strategie"** (oder „Pionier-Strategie") hat in der Tat mehrere Vorteile: Man hat (noch) keine Wettbewerber, erwirbt rasch hohe Marktanteile, wird womöglich zum Synonym für eine ganze Produktkategorie und hat die Chance, dauerhaft Marktführer zu bleiben mit der Folge dauerhaft höherer Gewinne. Die Nachteile sind typischerweise höhere Einführungskosten und natürlich größere Risiken, denn man weiß vorab ja nie genau, wie der Markt reagieren wird.

Umgekehrt kann man mit einer **„Fast-Follower-Strategie"** (oder „Folger-Strategie") von den Erfahrungen der Ersten am Markt profitieren („free ride" – Effekt), deren Fehler vermeiden, Einführungs-Kosten sparen und manches besser machen, was die „first mover" womöglich falsch gemacht haben. Die Nachteile dieser Strategie sind natürlich, dass man sich von vorneherein dem starken Wettbewerb des / der Etablierten am Markt stellen muss und am Markt eher als „Nachahmer" gilt mit der Folge, dass man sich womöglich dauerhaft mit niedrigeren Marktanteilen und geringeren Gewinnen begnügen muss.

Zusammenfassung

Die Fragen, wann man und wohin man am besten expandieren soll, sind weder theoretisch noch praktisch zweifelsfrei zu beantworten. Häufig genug geschieht dies nach dem Muster des **„trial and error"** und hängt von so vielen Zufällen ab, dass auch hier die Strategie oft genug erst nach deren Realisierung formuliert werden kann. Glücklicherweise werden in den Unternehmen einmal getroffene Entscheidungen nicht regelmäßig hinterfragt, denn was brächte es auch, wenn man hinterher erführe, dass es vielleicht besser gewesen wäre, zuerst in diesem oder jenem Land tätig zu werden bzw. dieses nicht als Erster zu betreten, sondern abzuwarten, welche Problem der Pionier bei der Einführung ähnlicher Produkte hatte.

Allerdings kommt man auch bei dieser Aufgabe nicht umhin, zumindest im Planungsstadium möglichst **systematisch** vorzugehen, das vorhandene Wissen über die einzelnen Märkte, die Wettbewerber, die Verbraucher, den Handel etc. sowie die – auch von Wettbewerbern – gemachten Erfahrungen zu berücksichtigen, Fehler rechtzeitig zu erkennen und gegebenenfalls zu korrigieren. Grundsätzlich sollte man bei der Länderwahl „mehr als nur einen Ball im Netz haben", damit vor einer endgültigen Entscheidung die Vor- und Nachteile der einzelnen Alternativen noch klarer hervorgehoben werden können.

5. Wie internationalisieren?

Wie bereits erwähnt, hängt das Problem, **wie** man bei der Internationalisierung des eigenen Angebots – seien dies Produkte oder Dienste – vorgehen soll, eng mit den Antworten auf die Fragen nach dem **„Wo“** (welches **Land**?) und dem **„Wann“** (welcher **Zeitpunkt**?) zusammen. Denn je nach den zur Verfügung stehenden Alternativen für die Markterschließung ist der Vorstoß in das eine Land schwieriger, in ein anderes leichter. Auch die Vielfalt der alternativen Markt-Bearbeitungsmethoden macht es letztlich nicht leichter, sich für die jeweils optimale Variante zu entscheiden – klüger ist man aber zumeist erst hinterher.

5.1 Diversifikation & Fokus

Eine Grundsatzfrage steht zumeist am Anfang jeder Internationalisierung: Bricht man in die Welt mit dem ganzen „Gepäck“ auf, womit gemeint ist: mit allen Produktkategorien oder Geschäftsfeldern, die man im Inland erfolgreich vermarktet, oder trifft man zuvor eine Auswahl, um das „Gepäck“ leichter und den Erfolg dadurch sicherer zu machen?

Die Antwort darauf wurde in den letzten Jahrzehnten ziemlich eindeutig gegeben: Nur wer sich auf die wirklich erfolgversprechenden Angebote konzentriert, nur, wer unnötigen Ballast abwirft und sich weltweit **fokussiert**, kann im starken internationalen Wettbewerb erfolgreich sein.

Dies scheint logisch, denn auch ein Weitspringer wird, wenn er rekordverdächtig weit springen will, dies mit möglichst wenig Eigengewicht versuchen, und nicht gleichzeitig der schnellste Langläufer der Welt werden wollen. Es soll allerdings nicht unerwähnt bleiben, dass noch vor einigen Jahrzehnten, zu Beginn der Internationalisierung von Unternehmen, genau das Gegenteil angesagt war: Tonangebend waren damals die **diversifizierten Mischkonzerne** (**Konglomerate**), die auf der Welt typischerweise die zum Kauf angebotenen Firmen – zum Teil mit völlig unterschiedlichen Sortimenten – aufkauften, um sich dadurch zunächst einmal internationale Standbeine zu verschaffen. Erst danach haben sie versucht, die einzelnen heterogenen Bausteine zu einem sinnvollen Ganzen zusammenzufügen, was aber nur selten gelang.

Einer dieser Weltkonzerne war beispielsweise die „International Telephone and Telegraph Corporation" (**ITT**), die weltweit Elektrofirmen, Versicherungen, Hotels, Autovermietungen etc. aufkaufte. Oder das deutsche Untenehmen **Daimler-Benz**, dessen damaliger Vorstandsvorsitzender Edzard **Reuter** von einem „integrierten Technologiekonzern" träumte und alles zusammenkaufte, was irgendwie mit Technologie zusammenhing: PKW, LKW, Flugzeuge, Panzer, schließlich auch Haushaltsgeräte (AEG). Der Sinn dieser **Diversifikation** – betreffend der Internationalisierung – war einerseits, rasch auf der ganzen Welt vertreten zu sein, denn nicht in jedem Land gab es besser passende Unternehmen, andererseits einen Risiko-Ausgleich herzustellen: Lief das Geschäft in einer Branche oder in einem Land schlecht, prosperierte vielleicht ein anderer Bereich in einem anderen Markt. *„Nicht alle Eier in einen Korb zu legen, also Risikodiversifizierung, war schon immer das unternehmerische Leitbild Oetkers"* (Ritter, Oetkers Eier, FAZ 1.4.2003).

Dass derartig breit gestreute Unternehmen auf Dauer nicht wirklich erfolgreich sein können, liegt auf der Hand, ist es doch kaum möglich, all diese – oft sehr unterschiedlichen – Aktivitäten gleichermaßen erfolgreich zu führen und gegen jeweils auf einzelne Kategorien fokussierte Wettbewerber zu verteidigen. Dennoch gibt es nach wie vor derartige „Mischkonzerne" wie zum Beispiel die **Oetker**-Gruppe (mit Nahrungsmitteln, Bier, Sekt, Wein, Spirituosen, Schifffahrt, Hotels etc.), **General Electric** (mit Metallindustrie, Finanzdienstleistungen, Medienaktivitäten etc.) oder die **Samsung**-Gruppe (mit elektronischen Produkten, chemischen Erzeugnissen, Maschinenbau, Finanz-Dienstleistungen etc.). Man wird nicht behaupten können, dass diese Unternehmen erfolglos sind, im Gegenteil: Sie haben in vielen Jahrzehnten so manchen Sturm auf einzelnen Geschäftsfeldern recht gut überlebt. Andererseits ist jedoch zu beobachten, dass sie sich über die Jahre, was Umsatz und Gewinn anlangt, oft nur unterdurchschnittlich entwickelt und manchmal zu lange unrentable Beteiligungen mitgeschleppt haben mit gewiss nicht positiven Auswirkungen auf den Ertrag der ganzen Gruppe.

Eine Ursache dafür könnte sein, dass viele dieser nach wie vor diversifizierten Unternehmen **Personengesellschaften** sind, mit Inhabern, die ihre eigenen Überzeugungen verwirklichen und gelegentlich persönliche „Hobbies" pflegen, jedenfalls nicht automatisch den Gesetzen folgen, die zum Beispiel an der

Börse gelten: Dort schätzt man derartige diversifizierte Unternehmen überhaupt nicht, können diese doch durch ein unüberschaubares „Dickicht" von Aktivitäten und geschicktes Verschieben von Ergebnissen die von den **Analysten** eher geschätzte Transparenz ziemlich verschleiern.

Seit den 80er Jahren, parallel zur wachsenden Bedeutung der Börsen, ist daher die **Fokussierung** angesagt, also die Konzentration auf die (wenigen) Geschäftsfelder, die gut zusammenpassen (man spricht hier von einem „strategischen Fit"), die Synergien ermöglichen, in denen man die meisten Kompetenzen hat und die sich im Wettbewerb erfolgreich behaupten können. Denn man kann natürlich nicht alles gleichzeitig sein: ein Anbieter mit der besten Qualität, mit den niedrigsten Kosten, mit den billigsten Preisen, mit der größten Kundenzufriedenheit etc.. Das Motto für die Unternehmen, auch das für die Internationalisierung, lautet seither: *„Schuster bleib' bei Deinen Leisten"* oder *„Weniger ist mehr"*. Wieder waren es amerikanische Wissenschaftler und amerikanische Unternehmen, die diese Strategie empfahlen oder vormachten (Kotler/Bliemel, 1999). In US-Firmen wie **Coca-Cola** und **McDonald's** war es demzufolge quasi verboten, über die selbst definierten engen (Kompetenz-)Grenzen hinaus zu denken oder gar zu handeln.

Die nachweisliche Folge derartiger, oft nur auf einzelne Marken fokussierter Strategien sind zumeist höhere Gewinne. So wurde für die weltweiten Automobilhersteller nachgewiesen, dass die auf wenige Marken fokussierten Unternehmen wie die japanischen Firmen **Honda** und **Toyota** oder wie **BMW** höhere Renditen erwirtschaften konnten als Mehrmarken-Unternehmen wie (seinerzeit) **Daimler-Chrysler** oder **Volkswagen** (Kön., Autokonzerne mit weniger Marken sind die Gewinner, FAZ 6.9.2004). **Unilevers** Anfang dieses Jahrhunderts eingeleiteter „Path to Growth" beinhaltete aus denselben Gründen die Reduzierung der weltweit verkauften Marken von ursprünglich 1.600 auf nur noch 500. Man war bereit, dafür gelegentlich sogar Umsatzrückgänge in Kauf zu nehmen, denn das insgesamt erwirtschaftete Ergebnis sollte dadurch nicht etwa sinken, sondern weiter ansteigen. Auch war und ist Ziel, mit diesen wenigeren und zunehmend gestärkten Marken auf den internationalen Märkten mindestens die Nr. 1 oder 2 zu werden, um so auch dem Handelsdruck besser widerstehen zu können (Stach, 2000).

Umso überraschender – wenn auch durchaus nachvollziehbar – war der „Schwenk“, den Burkhard **Schwenker**, der damalige Vorsitzende der **Roland Berger** Strategy Consultants ankündigte: *„In Zeiten kontinuierlichen Wandels gibt (...) es keine ewigen Glaubenssätze (...). Es war richtig, sich auf Kern-Kompetenzen zu konzentrieren. Aber immer häufiger laufen jetzt Unternehmen mit ihren Kern-Geschäften gegen eine Wachstums-Barriere“* (Noack, „In Zeiten steten Wandels gibt es keine endgültigen Glaubensätze“, FAZ 16.1.2006).

Der Hinweis auf die zuvor gepredigte **Konzentration** auf **Kernkompetenzen** war wichtig, war doch genau dieses Beratungs-Unternehmen bekannt und groß geworden mit seiner Forderung, z.B. an lokale Brauereien, unnötigen Ballast – sprich: mannigfaltige, oft nur saisonal verkaufte Bierspezialitäten – abzuwerfen und sich nur noch auf einige wenige Varianten zu konzentrieren, die die größte Marktakzeptanz hatten, eine stärkere Marktposition ermöglichten und es letztlich erlaubten, bessere Ergebnisse zu erzielen.

Diese lange Zeit empfohlene und erfolgreich praktizierte Fokussierung hatte auf Dauer gesehen den Nachteil, dass man mit einem engen Sortiment früher oder später an **Wachstumsgrenzen** stieß, insbesondere dann, wenn man mit den (wenigen) Produkten bereits weltweit vertreten war. So ist es kein Wunder, dass auch die strengsten Verfechter einer Fokussierung zunehmend dazu übergehen, ergänzende Sortimente aufzunehmen, möglichst solche, mit denen nach wie vor die bestehenden Strukturen genutzt und weiterhin Synergien realisiert werden können. So ergänzte **Coca-Cola** sein Sortiment laufend um weitere Erfrischungsgetränke wie z.B. Wasser, Fruchtsäfte und Teegetränke. Inzwischen denkt dieses Unternehmen nach einer Meldung der AFP sogar über einen Einstieg in den (lukrativen) Markt für Kaffeekapseln nach! (o.V., Coca-Cola steigt ins Geschäft mit Kaffeekapseln ein, FAZ 7.2.2014). Ein weiterer Grund für diese Diversifikation ist wohl auch darin zu suchen, dass den Verbrauchern – viele davon übergewichtig – langsam dämmert, dass der viele Zucker, der in einer Flasche Coca-Cola enthalten ist, nicht wirklich gesund für sie ist (nks., Die Konsumenten lieben Coca-Cola nicht mehr, FAZ 25.2.2014).

McDonald's definiert zwar nach wie vor ein Kernsortiment, das in allen Ländern angeboten werden muss (z.B. der klassische Hamburger), erlaubt den einzelnen Regionen inzwischen jedoch, ergänzend dazu auch landestypische

Fast-Food-Produkte anzubieten. Auch ermöglichte die Einführung von **„McCafé“**, schon vor der Mittagszeit zusätzliche Kunden in die Filialen zu locken und so die bestehenden Filialnetze besser auszunutzen – eine Entscheidung, die noch wenige Jahre zuvor Haare-raufend abgelehnt worden wäre. Aber auch hier war der freie Wettbewerb segensreich: **Starbucks** hatte über all die Jahre, in denen McDonald's nur an Hamburger etc. dachte, mit Kaffeespezialitäten so viel Erfolg, dass auch McDonald's umdenken musste. Heute wird man in diesem Hause froh sein, dass man zu diesem „Tabubruch“ bzw. Strategiewechsel und somit zum eigenen Glück buchstäblich gezwungen wurde.

Auch in der **Betriebswirtschaftslehre** hat sich inzwischen herumgesprochen, dass eine zu starke Fokussierung zwar hilft, die Effizienz und so die Ergebnisse zu steigern, dass man dabei jedoch nur „auf einem Bein steht“ und leicht „umfallen“ kann, wenn das gewählte Geschäft schwächelt. *„Unsicherheiten kann man mit Flexibilisierung und Diversifikation begegnen“*, betonte Ulf **Schneider**, Vorstandsvorsitzender von **Fresenius** auf dem 67. Deutschen Betriebswirtschafter-Tag der Schmalenbach-Gesellschaft für Betriebswirtschaftslehre 2013 in Frankfurt. Auch Guido **Kerkhoff**, Finanzvorstand von **Thyssen-Krupp,** lobte auf dieser Veranstaltung die Diversifikation als risikoausgleichenden Faktor in seinem Konzern (Giersberg, Flexibilität geht zu Lasten der Effizienz, FAZ 30.9.2013).

Als Kompromiss zwischen einer Fokussierung auf Kerngeschäfte und einer die Risiken minimierenden Diversifikation empfahl Ulf Schneider auf dieser Tagung eine *„Diversifikation entlang der Kompetenzen“*, während Stefan **Asenkerschbaumer**, stellvertretender Vorsitzender der Geschäftsführung von **Robert Bosch**, von einer ***„fokussierten Diversifikation“*** *sprach.* Gemeint ist damit eine Ausweitung der Geschäftsaktivitäten nur in benachbarte, „passende“ Geschäftsfelder: Wie bei einer Zwiebel sind damit die Ringe gemeint, die sich unmittelbar um den Kern herum legen. Je weiter diese Ringe vom Kern entfernt sind und je mehr Schichten zwischen den neuen Geschäftsfeldern und dem Kern liegen, umso komplexer und schwieriger wird auch das Management derartiger Unternehmen, besonders im internationalen Kontext.

5.2 Verschiedene Wege der Internationalisierung

Die verschiedenen Wege oder Arten des Vorgehens bei der Internationalisierung unterscheiden sich im Wesentlichen durch den damit verbundenen finanziellen Einsatz einerseits und die damit erzeugbare Wirksamkeit andererseits. Auch hier gilt: *„Von nichts kommt nichts“,* denn wer in einem fernen Land dauerhaft erfolgreich sein will, muss typischerweise auch bereit sein, dafür genügend Mittel zur Verfügung zu stellen.

Zusätzlich zu diesen Kriterien gibt es im Einzelfall noch eine ganze Reihe von weiteren Motiven oder Bedingungen für die eine oder andere Strategie, seien es die verfügbaren **Alternativen**, die gewünschte **Schnelligkeit** des Marktzutritts, das beobachtete oder vermutete Verhalten von **Wettbewerbern**, **branchentypische** Organisationsformen, persönliche **Präferenzen** der verantwortlichen Manager und, nicht zu vergessen, die eigene **Strategie**, die gewisse Alternativen von vorneherein ausschließt. Die möglichen Alternativen sollen hier nicht ausgiebig dargestellt, eher kommentiert werden, da das Wissen vorausgesetzt werden kann, was diese im Einzelnen konkret beinhalten.

E-Commerce

Die in beide Richtungen (finanzieller Einsatz / Marktwirksamkeit) niedrigste Stufe bei der internationalen Marktbearbeitung ist sicherlich der „E-Commerce“: Wer sein Angebot ins Internet stellt, ist damit automatisch weltweit vertreten und benötigt dafür nicht einmal größere Investitionen, z.B. in Werbung. Dafür hat man dann aber auch nur einen geringen Einfluss auf die Gewinnung neuer Kunden und deren Auswahl, geschweige denn auf die aktive Gestaltung oder Entwicklung des Absatzes seiner Produkte. Aber auch hier gilt die Regel: Wer bereit ist, für den Ausbau und die Sicherung seines Absatzes mehr zu investieren, wird dafür auch eher die Ernte in Form höherer Umsätze einfahren. So können beispielsweise auch derartige Internetanbieter Werbung für ihre Angebote machen, wenn sie darauf hoffen können, dadurch die Bekanntheit ihrer Web-Sites zu erhöhen und Interesse an ihren Angeboten zu wecken.

Der strategische Vorteil des Internethandels gegenüber anderen Handelsformen besteht generell darin, dass zwischen Hersteller und Konsument keinerlei (teure) Zwischenstufen mehr existieren, seien es Groß- oder Einzelhandel oder Importeur bzw. Exporteur, was es möglich macht, derartige Angebote grundsätzlich preisgünstiger anzubieten als vergleichbare Produkte, die über mehrere Stufen verkauft und geliefert werden. Andererseits werden an die **Logistik** deutlich höhere Anforderungen gestellt, denn jeder einzelne Auftrag muss ja direkt und möglichst rasch an den jeweiligen End-Kunden versandt werden, egal, wo sich dieser auf der Welt befindet. Dass man dabei große **Lagerbestände** vorhalten und auch auf mancherlei plötzliche **Auftragsflut** vorbereitet sein muss (z.B. vor Weihnachten), haben auch so erfolgreiche E-Commerce-Unternehmen wie **Amazon** erst nach und nach lernen und teuer bezahlen müssen.

Exportgeschäft

Etwas mehr Geld in die Hand nehmen muss man, wenn man das klassische Exportgeschäft betreibt. Denn im Gegensatz zum E-Commerce müssen im Ausland ja erst einmal Kunden gefunden und gewonnen werden, was Investitionen in den Verkauf und / oder in die Werbung voraussetzt. Häufig werden für diese Aufgaben **Exportagenturen** (im Inland) oder **Importagenturen** (im Ausland) engagiert, die die Besonderheiten dieser Geschäfte besser kennen und zumeist auch einen tieferen Einblick in die anvisierten Märkte haben. Ist der jeweilige Kontakt im Inland beheimatet, spricht man vom **indirekten Export**, muss man für den Verkauf der Produkte die eigenen Grenzen überschreiten, vom **direkten Export**, und zwar unabhängig davon, ob die Ware im Ausland direkt an die Endverbraucher verkauft und geliefert wird oder indirekt über Importagenturen oder Groß- bzw. Einzelhändler.

Für derartige Exportgeschäfte sind internationale **Messen** inzwischen nahezu unentbehrlich geworden. Beispiele dafür sind die **IAA** (für Automobile), die **ANUGA** (für Lebensmittel), die **CEBIT** (für IT-Technologie) oder die **BAUMA** (für Baumaschinen), die mit zunehmender Globalisierung immer mehr **Aussteller** und **Besucher** aus aller Herren Länder anlocken. Großzügige Standgestaltungen und gepflegte Events für internationale Kunden ersetzen hier zumeist aufwendige Verkaufsaktivitäten im Ausland, zumal man anderweitig kaum so viele Kunden oder Interessenten in so kurzer Zeit aus so vielen Ländern der Welt treffen – und verwöhnen – kann. Nicht zu unterschätzen ist nämlich der Effekt, dass man die (bestehenden wie potenziellen) Kunden in den „eigenen" Räumen empfangen und ihnen so in einem erheblich angenehmeren Ambiente die ganze Fülle der eigenen Angebote präsentieren kann, was bei den Besuchen in den Büros der ausländischen Kunden selten möglich ist.

Lizenzierung

Hat man einmal – für welches Produkt auch immer – eine auch über die eigenen Grenzen hinaus gut bekannte und bestens beleumundete Marke geschaffen, liegt die Überlegung nahe, ohne größere Zusatzinvestitionen Partner zu finden (**Lizenznehmer**), die bereit sind, für die (genau definierte) Nutzung dieses **Namens** ein Entgelt zu zahlen, um sich so die Möglichkeit zu schaffen, den Vertragsmarkt dank der positiven Ausstrahlung und Bekanntheit dieser Marke erheblich schneller und effektiver ausschöpfen zu können. Ein Angebot unter einem völlig unbekannten Namen müsste zumeist erst kostenintensiv beworben und bekannt gemacht werden. Für den **Lizenzgeber** hat diese Art der Zusammenarbeit den Vorteil, die zuvor investierten Mittel für den Markenaufbau kapitalisieren zu können und sehr rasch überall dort mit der eigenen Marke vertreten zu sein, wo geeignete Partner gefunden werden können. Die Lizenznehmer bieten typischerweise nicht nur eine bessere lokale Marktkenntnis, sondern sind in höchstem Maße ebenfalls am Erfolg dieser Zusammenarbeit interessiert, investieren sie doch ihr eigenes Geld für die Markterschließung und zahlen darüber hinaus noch eine Lizenzgebühr an den Markeninhaber, was sich ja ebenfalls rentieren soll.

Besonders häufig zu finden sind derartige Lizenzabkommen in der Textil- und Kosmetik-Industrie, bei denen es darauf ankommt, einem an sich homogenen oder austauschbaren Produkt durch den Aufdruck einer renommierten Marke, die zumeist aus einer ganz anderen Branche stammt, eine größere Aufmerksamkeit, eine raschere Bekanntheit, mehr Vertrauen und einen höheren Preisspielraum zu verschaffen.

Franchising

Eine deutlich (kosten-)intensivere, aber auch (markt-)effektivere Alternative der raschen Internationalisierung der eigenen Geschäftsidee ist das Franchising, denn hier geht es nicht nur um die Nutzung einer Marke, sondern zusätzlich um die Übernahme eines ganzen **Geschäftssystems** mit seinen den Erfolg determinierenden Bausteinen. Beste Beispiele sind Firmen wie **Coca-Cola** oder **McDonald's**, deren **Franchisenehmer** (franchisees) sich so eng an die zentralen Vorgaben halten müssen, dass nach außen kaum sichtbar wird oder werden soll, dass deren Filialen oder Ländergesellschaften gar nicht im Eigentum der Markenfirmen sind, sondern selbständigen Franchisenehmern gehören. Diese müssen für die Nutzung der Geschäftsideen (Rohstoffe, Rezepturen, Inneneinrichtung, Werbung etc.) zwar deutlich höhere Gebühren zahlen als Lizenznehmer (zumeist deutlich über 5% vom Umsatz statt 2% - 3% wie im Falle von Lizenzabkommen), profitieren andererseits aber vom Know-how und der Bekanntheit des **Franchisegebers** (franchisors). Dieser wiederum kann international deutlich schneller und mit weniger Kapitalaufwand expandieren, denn alle örtlichen Kosten wie Aufbau eines Filialnetzes, Suche nach geeigneten Mitarbeitern, Einkauf von Rohstoffen, Produktion der Ware etc., gehen ja zu Lasten des Franchisenehmers.

Voraussetzung für ein Gelingen dieser Art von Kooperation ist allerdings, dass die jeweils versprochenen Leistungen (wie z.B. geplante Werbeetats oder Umsatz- und Gewinn-Potenziale) auch eingehalten werden oder erreichbar sind, was zuletzt bei **Subway** (frisch belegte Brötchen) offenbar nicht der Fall war, so dass es dort buchstäblich einen Aufstand vieler Franchisenehmer gab. Diese waren mit der Realisierung der versprochenen Umsatzziele mehr als unzufrieden, zumal oft genug, in deren unmittelbarer Nähe, Wettbewerber aus dem eigenen Haus platziert wurden und auch der Umfang der zugesagten Werbung geringer ausfiel als versprochen (Vgl. Eutener, Subway-Chef will aus alten Fehlern lernen, FAZ 31.3.2014; Giesen, Suboptimal, FAZ 14.4.2104).

Kooperationen und **strategische Allianzen**

Eine weitere Möglichkeit, die eigenen Aktivitäten international auszuweiten, besteht in Kooperationen, oft genannt auch „strategische Allianzen", bei denen zwei oder mehrere Unternehmen versuchen, ihre Stärken (oft regionaler Art) zusammenzulegen und somit eigene Schwächen auszugleichen. Ideal wäre beispielsweise, wenn ein Unternehmen A in den Ländern 1 bis 10 vertreten wäre, Unternehmen B in den Ländern 11 bis 20. Durch ein entsprechendes Kooperationsabkommen wären beide Unternehmen dann schlagartig in allen Ländern 1 bis 20 vertreten und könnten für ihre Produkte von den örtlichen Vertriebs- und Logistikstrukturen profitieren. So entschied sich **Lindt & Sprüngli**, in Brasilien sogar eine Allianz mit einem Konkurrenten einzugehen: *„Hauptgrund seien die mangelnden Kenntnisse über Standorte, welche lokale Partner besser einschätzen können"* (Du., Lindt & Sprüngli lockt Partner, FAZ 12.3.2014).

Derartige Kooperationen oder Allianzen sind, wenn sie erfolgreich sind, oft die Vorstufe zu einer noch engeren Zusammenarbeit, zum Beispiel einer Fusion. Häufig scheitern solche Kooperationen jedoch an ihrem eigenen Erfolg, was beispielsweise **Pfanni** (Deutschland) in einer Vertriebskooperation mit **Barilla** (Italien) und **Henkell**-Sekt (Deutschland) mit **Red Bull** (Österreich) erleben mussten: In beiden Fällen war die Einführung dieser ausländischen Marken-Produkte auf dem deutschen Markt dank des Einsatzes der jeweiligen Vertriebsorganisationen so erfolgreich, dass diese Partner entschieden, schließlich die Kooperation aufzukündigen und den Markt alleine zu bearbeiten.

Joint Ventures

Bei einem Joint Venture (JV) übernehmen Unternehmen nicht Aufgaben für die anderen Partner (zum Beispiel den Vertrieb oder die Produktion in ihren Ländern), sondern sie gründen gemeinsam **neue Unternehmen**, entweder für neue Produkte und / oder für neue Ländern. So gründeten vor einigen Jahren sogar solch potente Unternehmen wie **Nestlé** und **Coca-Cola** ein JV für den Verkauf von **Nestea**-Tee in Dosen in den USA, weil sich keiner der Partner alleine für die Produktion bzw. den Vertrieb stark genug fühlte: Der eine lieferte das Produkt und die Marke, der andere Partner steuerte seine Vertriebsstärke bei.

Abgesehen vom Einsatz von Kapital und Personal bei der Neugründung eines JV ist für das Gelingen derartiger Kooperationen unverzichtbar, dass sich die Partner auch längerfristig gut ergänzen, indem u.a. der eine Partner die Schwächen des anderen auszugleichen in der Lage ist. Genau das ist aber bei dieser Form der Zusammenarbeit nicht immer der Fall: Sobald einer der Partner das Gefühl bekommt, er sei irgendwie benachteiligt, der andere leiste sich zu viele Schwächen und er könne diese Aufgaben auch alleine und dies sogar effektiver erledigen, ist das Ende derartiger JV abzusehen, auch wenn dies oft mit einer erheblichen Abstandszahlung verbunden ist.

Eigene **Niederlassungen** und **Tochtergesellschaften**

Am sichersten, wenn auch riskant und zeitaufwendig, ist es, in fernen Ländern eigene Niederlassungen zu gründen und – genau wie zuvor im Heimatland – die Märkte in eigener Regie zu bearbeiten. Zunächst werden in solchen Fällen zumeist reine **Vertriebs**-Niederlassungen gegründet, d.h., die Produkte werden aus der Heimat importiert und vor Ort mit Handelsvertretern oder einer eigenen Vertriebsmannschaft angeboten. Wenn sich dies als erfolgreich und nachhaltig erweist, wenn stabile Kundenbeziehungen aufgebaut werden konnten und die Umsätze laufend wachsen, weitet man diese Niederlassungen gern schrittweise um zusätzliche Funktionen aus (wie z.B. **Lagerhaltung** oder **Montage**), bis diese Niederlassungen am Ende buchstäblich „auf eigenen Beinen" stehen können und mit allen vor Ort notwendigen Funktionen (gegebenenfalls inklusive **Produktion** und **Verwaltung** etc.) ausgestattet sind. Riskant ist diese Strategie nur dann, wenn sich die damit verbundenen Investitionen nicht rentieren, zum Beispiel weil die Kosten „aus dem Ruder laufen" oder der Erfolg am Markt weit hinter den Erwartungen zurückliegt oder zurückfällt.

Bei wartungsintensiven Produkten wie technischen Geräten, wie z.B. elektrischen Haushaltsprodukten, wird man ohnehin kaum darum herum kommen, gleich zu Beginn des Verkaufsprozesses vor Ort eigene Niederlassungen zu gründen, um die für den notwendigen **After-Sales-Service** erforderlichen Kapazitäten verfügbar zu haben. Insofern ist es keine Überraschung, dass man in den Telefonbüchern fast überall auf der Welt Firmennamen wie **Siemens**, **Miele** oder **BMW** mit eigenen Niederlassungen findet.

Kauf ausländischer Unternehmen

Das Risiko, am Markt zu scheitern, besteht beim Kauf kompletter, am Markt bereits gut positionierter Unternehmen eher nicht: Man weiß schließlich oder hat dies mit ausreichender „due diligence“ gründlich geprüft, was man für sein gutes Geld bekommt, nämlich zumeist renommierte Unternehmen, etablierte Standorte und stabile Kundenbeziehungen.

Der häufigste Fehler bei den Grundannahmen für den Erfolg derartiger Akquisitionen ist nicht, dass man die damit verbundenen **Synergien** zu hoch einschätzt, im Gegenteil: Die realisierbaren Kosten- und Investitionsvorteile sind zumeist größer als angenommen. Nur bei den Umsatzschätzungen liegt man häufig daneben, so dass kluge Investoren inzwischen nicht glauben, dass aus 1 + 1 = 2 wird, sondern eher mit weniger als 2 planen, also z.B. mit 1,7 oder 1,8.

Hat man im Ausland (oder auch im Inland) ein bereits bestehendes Unternehmen gekauft, stellt sich für alle Beteiligten sofort die Frage, wie es wohl weitergeht: Wird die alte Firmenzentrale verlegt, womöglich ins Ausland, wird eine örtliche Produktion geschlossen, werden Mitarbeiter entlassen, wie wird die neue gemeinsame Firma heißen, wer wird sie leiten, welche Strategie wird verfolgt etc.? Alles sind Fragen, die natürlich schon vor dem Kauf geklärt sein sollten – dies aber nicht immer sind. Ganz wichtig ist es dennoch, den Mitarbeitern des eigenen und des übernommenen Unternehmens von Anfang an möglichst „klaren Wein“ einzuschenken und bei den ersten offiziellen Verlautbarungen nichts auszusparen, was diesen besonders am Herzen liegt. Im Gegenteil: Wird darüber überhaupt nichts ausgesagt, liegt der Verdacht nahe, es würde doch etwas geplant, worüber man sich nicht zu sprechen traut. Spekulationen und Gerüchten sind dann Tür und Tor geöffnet. *„Nicht nichts zu sagen“* ist für diese Phase einer käuflichen Firmenübernahme der beste Ratschlag – und wenn es die glaubwürdige Aussage ist, man habe zu diesem oder jenem Problem noch keine endgültigen Entscheidungen getroffen.

Unbedingt zu vermeiden sind gezielte Falschinformationen, wie dies bei der Fusion von **Daimler** und **Chrysler** der Fall war, als lange Zeit der Eindruck aufrecht zu erhalten versucht wurde, es handele sich hier nicht um eine „feindliche

Übernahme" („unfriendly takeover"), sondern um „eine Fusion unter Gleichen". Daimler, so wurde behauptet, habe Chrysler nicht gekauft, sondern beide Unternehmen hätten nur ihre Aktien getauscht und würden gleichwertig behandelt. Jürgen **Schrempp**, der damalige Vorstandsvorsitzende von Daimler, sprach sogar von „einer Hochzeit im Himmel"! Schon am Tag nach dieser Bekanntgabe war aber allen Beteiligten, insbesondere den Mitarbeitern, mehr oder weniger klar, dass dies so nicht stimmte, wodurch diese Fusion von Anfang an in ein schiefes Licht geriet und schließlich ja auch scheiterte. Mit seinem später protokollierten Eingeständnis *„Wenn wir locker gesagt hätten, dass Chrysler eine Division von Daimler-Chrysler werden würde, hätten wir mit unseren Leuten riesige Probleme bekommen"* begründete Jürgen Schrempp diese bewussten Desinformationen (Knop, Die Illusion der Fusion unter Gleichen, FAZ 13.5.2014).

Aber auch wenn alles gut vorbereitet und kommuniziert wurde, ist es kaum zu vermeiden, dass an dem Tag, an dem eine Firmenübernahme veröffentlicht wird, Headhunter ihre Computer anwerfen und möglichst umgehend bekannte Leistungsträger des übernommenen Unternehmens anrufen, und zwar nach dem mit solchen „Mergers and Acquisitions" („M&A") verbundenen Motto: *„Exit of the Best, Merger of the Rest"*. Sind qualifizierte Mitarbeiter für den anhaltenden Erfolg des übernommenen Unternehmens jedoch quasi unverzichtbar (obwohl letztlich doch jeder ersetzbar ist), lohnt es sich, diese unmittelbar direkt anzusprechen und zu versuchen, sie für das neue, größere Unternehmen zu gewinnen, möglicherweise auch durch die Zusage besserer Positionen und höherer Gehälter. Leider ist die Schafkopfregel *„Ober sticht Unter"* eine in solchen Fällen häufig angewandte Praxis: Der Übernehmer besetzt die führenden Positionen des fusionierten Unternehmens zumeist mit eigenen Mitarbeitern, die er eben besser kennt als die – womöglich noch fähigeren Manager – des übernommenen Unternehmens.

Tatsache ist, dass mit den meisten Fusionen ein **Abbau** von **Arbeitsplätzen** verbunden ist, denn sonst würden sich ein „strategischer Preis" für die Übernahme zumeist nicht lohnen: In diesen Preis sind die zu erwartenden Synergien und Einsparungen bereits eingerechnet. Hatten beide Unternehmen vor der Fusion beispielsweise zusammen 10.000 Mitarbeiter, ist es nach der Verschmelzung nicht ungewöhnlich, das Geschäft im selben – oft jedoch leicht abschmelzenden – Umfang mit nur noch der Hälfte oder zwei Dritteln der bisherigen Mitarbeiter zu bewältigen. Dies führt heutzutage zwar zumeist zu öffentlichen Protesten der Betroffenen, aber auch die Gewerkschaften können diese Entwicklungen nicht aufhalten, allenfalls erreichen, dass die Betroffenen für den Verlust von Arbeitsplätzen einigermaßen fair entschädigt werden.

Firmenübernahmen sind aus Sicht der verantwortlichen Manager ausgesprochene Höhepunkte, vergleichbar vermutlich mit dem Hochgefühl eines Jägers nach dem Erlegen eines kapitalen Hirschs oder gar eines noch größeren Tiers. Wer in einem solchen Falle als Käufer jedoch wie ein „Elefant im Porzellanladen“ auftritt und die unterschiedlichen Unternehmenskulturen völlig negiert, riskiert, dass die erhofften Kosten- und Effizienz-Synergien und Umsatz-Erfolge am Markt nur begrenzt erzielt werden können. Ein derartiges Negativ-Beispiel scheint die Übernahme der **Dresdner Bank** durch die **Commerzbank** gewesen zu sein, wo man sogar die Chance gehabt hätte, beide Firmennamen (und die damit verbundenen Kulturen) zu verbinden und einen neuen, kombinierten Firmennamen zu etablieren („Dresdner Commerzbank“), so wie dies auch **Esso** und **Mobil** getan haben, als sie sich nach ihrer Fusion **„ExxonMobil“** nannten und dies mit der veröffentlichten Begründung untermauerten: *„We're as brand loyal as you are“*. Der Übernehmer Commerzbank tat dies nicht und nannte das neue, fusionierte Unternehmen wiederum „Commerzbank“, ließ also den Namen „Dresdner Bank“ ebenso untergehen wie die Farbe „grün“, die von den Dresdnern über viele Jahrzehnte sogar werblich eingesetzt wurde *(„Mit dem grünen Band der Sympathie“)*. Die neue Farbe war die alte der Commerzbank, nämlich „gelb“. Ob diese Übernahmestrategie mit daran Schuld war, dass diese Fusion eher schlecht als recht gelang, ist kaum zu eruieren, geschah doch nur Tage nach der Übernahme der Zusammenbruch der **Lehman Brothers** mit den bekannten verheerenden Folgen in der Finanzwelt.

5.3 „Benchmarks“ im internationalen Geschäft

Mit dem Ausmaß und der Intensität der erreichten Internationalisierung verändern sich auch die Informationen, mit denen die eigenen Mitarbeiter, die Öffentlichkeit, die Börsen etc. versorgt werden müssen. Genügte bei einem reinen Exportgeschäft noch als „Benchmark“ die sogenannte **„Exportquote“** zu nennen (den Umsatzanteil, der mit dem Ausland erzielt wird), werden im Zuge der weiteren Internationalisierung zusätzliche Daten relevant, als da sind:

- **Anzahl** der **Länder**, in denen man vertreten ist,
- **Art** der dortigen **Aktivitäten** (wie Exportgeschäft, eigene Niederlassungen etc.),
- **Anzahl** der im Ausland arbeitenden **Mitarbeiter** (im Verhältnis zu der Gesamtzahl an Mitarbeitern),
- **Anzahl** der Ausländer im **Vorstand**,
- **Umsatz** im Ausland (pro Land / Region / Kontinent),
- **Anzahl** und **Art** der **Werke** im Ausland,
- **Investitionen** im Ausland,
- **Marktanteile** pro Land / Region / Kontinent,
- **Nr. 1** oder **Nr. 2** oder **Nr. 3** – Positionen in einzelnen Ländern,
- **Gewinn** im Ausland bzw. in einzelnen Ländern,
- **etc.**

Gern werden derartige Benchmarks schon vor ihrer Erreichung angekündigt, vielleicht um zu beweisen, dass man alles tut, um den Grad der Internationalisierung zu steigern. So verkündete **Beiersdorf** (**NIVEA**) im Februar 2004, man habe die Nr. 1-Position bereits in 170 Fällen erreicht und strebe dies bis 2009 in 250 Fällen an (o.V., Beiersdorf will in zehn Jahren den Umsatz verdoppeln, FAZ 31.3.2004). Die eher publikumsscheue **OETKER**-Gruppe schloss sich derartigen Aussagen an und verkündete am selben Tag, möglicherweise motiviert von ihrem Beiratsmitglied **Kunisch** von Beiersdorf, man habe diese Position im Bereich Backwaren bereits in 13 Ländern erreicht, bei Kuchenmischungen in 10, bei Desserts in 11 und bei Pizzen in 9 Ländern (o.V., Oetker trotzt der Konsumlaune, FAZ 31.3.2004). Immerhin wurde hier auf Prognosen verzichtet, die, wie man weiß, umso unsicherer sind, je weiter sie in die Zukunft reichen.

Berichte über die weltweiten Aktivitäten eines Unternehmens werden in einigen Jahrzehnten vermutlich ebenso normal sein wie in früheren Zeiten solche über den Erfolg in den einzelnen Bundesländern Deutschlands. Dann werden auch die Inhalte präziser und die Öffentlichkeit aufmerksamer werden für das, was jenseits der heimatlichen Grenzen passiert, was, wie erwähnt, massiven Einfluss haben kann auf den Erfolg des Gesamtunternehmens.

Zusammenfassung

Die Darstellung der für eine Ausweitung der Aktivitäten zur Verfügung stehenden Möglichkeiten zeigt, dass es dafür einen ganzen Katalog gibt, der je nach unternehmerischer Zielsetzung und örtlichen Gegebenheiten durchaus länderspezifisch erfolgen kann: Stehen in einem Land beispielsweise keine Franchise-Partner zur Verfügung, muss ein Unternehmen eben eigene Niederlassungen gründen und dafür mehr Geld ausgeben als geplant. Häufig ist darüber hinaus zu beobachten, dass im Zuge des internationalen Wachstums die Unternehmen zunehmend „die Zügel anziehen“ und ursprünglich kooperative Formen der Zusammenarbeit in unternehmenseigene Filialen umwandeln. Am Ende dieses Globalisierungs-Prozesses stehen dann echte **„Weltunternehmen“**, für die die bearbeiteten Länder nur mehr „Verkaufsregionen“ oder gar „Abteilungen“ sind.

6. Wie ist das internationale Marketing zu managen?

Wurde in den vorangehenden Artikeln die Frage des „how to **go** international" diskutiert, geht es in den nächsten Kapiteln vorrangig um das „how to **be** international". Wie kann ein international bereits breit aufgestelltes Unternehmen überhaupt erfolgreich geführt werden, ist die Ausgangssituation in allen Ländern doch recht unterschiedlich, sind die Reaktionen auf die eigenen Maßnahmen doch sehr verschieden (zum Beispiel in der Werbung), und sollte man nicht tunlichst die unterschiedlichen Kulturen in den einzelnen Ländern genauestens berücksichtigen? Die unglaubliche Komplexität und Dynamik der vielfältigen Ereignisse und Aktivitäten auf der Welt so zu komprimieren, dass man nicht die Übersicht verliert und womöglich Unwichtiges vor Wichtigem bearbeitet, ist somit unverzichtbar. Wie dies geschehen kann, soll in diesem Kapitel dargestellt werden.

6.1 Vision & Mission

Es gibt wahrhaft viele Methoden, große Unternehmen, besonders solche, die international tätig sind, zu steuern und zu führen. In früheren Jahren geschah dies zumeist mit ausgefuchsten und möglichst detaillierten **betriebswirtschaftlichen Kennzahlen**, die ex ante als Zielgrößen fungierten und ex post via „Soll- / Ist-Vergleich" erkennbar machen sollten, ob die (internationalen) Filialen gut gewirtschaftet haben oder nicht. Inzwischen hat sich die Erkenntnis durchgesetzt, dass es statt einer derart kleinteiligen Führung und oft zu spät ansetzender Kontrolle viel wirksamer ist, die globalen Ziele recht genau und operationabel festzulegen und den örtlichen Managern dann den Freiraum zu belassen, den sie brauchen, um in ihren Ländern zielgenau die besten Ergebnisse erzielen zu können. Im Einzelnen sieht diese **„strategische Unternehmensführung"** vor,

- die Manager der (internationalen) Filialen auf die für das gesamte Unternehmen weltweit angestrebte – langfristige – **Vision** zu verpflichten,
- aus dieser Vision heraus die besten **strategischen** und **operativen Maßnahmen** für die jeweiligen Länder und die dort vorgefundene Situation abzuleiten,

- auch die qualitativen, strategischen Ziele in mess- und **kontrollierbare Maßeinheiten** zu übertragen,
- die **Realisierung** dieser Ziele anhand dieser Kennzahlen laufend zu kontrollieren, um sicherzustellen, dass alle örtlichen Maßnahmen „on strategy" sind und alle Mitarbeiter in den vielen Ländern trotz deren Unterschiedlichkeiten „an einem Strang ziehen",
- um letztlich festzustellen, inwieweit man den angestrebten Visionen ein Stück näher gekommen ist und was in den einzelnen Jahren „unter dem Strich" für die einzelnen Filialen und das gesamte Unternehmen als **Erfolg** herausgekommen ist.

Der **Gewinn** oder dessen Maximierung (die „alte" Maßgröße) ist bei diesem Vorgehen somit **nicht Ziel**, sondern vielmehr **Ergebnis** dieses Prozesses, das zumeist umso höher ausfällt, je marktgerechter, sprich: kunden- und wettbewerbsorientierter die Ziele sind und je besser die Umsetzung der unternehmerischen Vision gelingt (Vgl. Pümpin/Amann, SEP. Strategische Erfolgspositionen, 2005; geg., Zweck eines Unternehmens ist die Kundenorientierung, FAZ 23.12.2013).

Am Beginn dieser inzwischen weltweit bewährten Führungsmethode steht die eindeutige Definition der unternehmerischen Mission und Vision. Unter **Mission** versteht man den sogenannten **Geschäftszweck**, somit die Aufgaben, die erfüllt werden müssen, um am Markt erfolgreich zu bleiben oder zu werden, um mit geeigneten Angeboten die Kunden zufrieden zu stellen und um sie zu motivieren, dafür genügend Geld auszugeben. Anders ausgedrückt: Eine Mission beschreibt die **Leistungen** eines Unternehmens, deren Erfüllung dafür sorgt, dass die Mitarbeiter bezahlt und die Unternehmensziele erfüllt werden können. Dabei hat sich bewährt, dass eine Mission nicht produkt-technisch ausgedrückt wird – wie z.B.: *„Wir stellen Kosmetika her"* –, sondern **marktorientiert** – wie z.B.: *„Wir verkaufen Hoffnung auf Schönheit"* (Kotler/Bliemel, 1999).

Ob man sich nun als Hersteller von gesunden Nahrungsmitteln, als Dienstleister für die Lösung bestimmter Probleme oder als Lieferant von hochwertigen chemischen Produkten versteht: Die an sich selbstverständliche Definition derartiger Missionen verhindert jedenfalls, dass z.B. Mitarbeiter im Ausland auf abweichende Geschäftsideen kommen, die zwar auch interessant sein können, aber eben auch bewirken würden, dass sich ein internationales Unternehmen verzettelt. Zumal gut vorstellbar ist, dass internationale Mitarbeiter, besonders dann, wenn sie sehr qualifiziert und hoch motiviert sind, permanent darüber nachdenken, was sie in „ihren Ländern“ noch besser machen könnten. Das alles ist nicht verkehrt, so lange all diese Vorschläge missionsimmanent sind und dazu beitragen, die Vision des Unternehmens zu erfüllen.

Eine **Vision** hingegen beschreibt den **angestrebten Zustand** eines Unternehmens in der Zukunft, der unter Aufbietung aller in einem Unternehmen vorhandenen Energie überall auf der Welt erreicht werden soll, und dies natürlich basierend auf der verabschiedeten Mission. Auch hier gab es in den letzten Jahrzehnten Lerngewinne: Lange Zeit hatten viele Unternehmen beim Thema Vision eher Berührungsängste (Altkanzler Helmut Schmidt**:** *„Wer eine Vision hat, sollte zum Arzt gehen!“*), vielen erschien eine Vision als eine Art Traum, wenn nicht gar als Illusion. Und Traumwandler wollte eigentlich niemand sein.

Inzwischen hat man aber erkannt, dass derartige Visionen sehr wohl geeignet sind, produktive Kräfte im Unternehmen freizumachen, die sich in einem rein betriebswirtschaftlich definierten Korsett nicht entwickeln könnten. So lautete zum Beispiel die erfolgreiche internationale Vision von **Bestfoods**: *„Wir wollen das beste internationale Nahrungsmittelunternehmen der Welt werden“*: Das Beste also und nicht etwa das Größte, denn das war unmöglich zu erreichen, die Wettbewerber **Nestlé** und **Unilever** waren bereits um ein Vielfaches größer. Dieses „Beste“ wurde dann auch noch genauer definiert, es bezog sich auf die definierten **Kerngeschäfte**, basierte auf den vereinbarten **Kernwerten** und baute auf den ebenfalls genau definierten **Kernstärken** auf, die es weiter zu optimieren galt. Oft ist die weltweite **Nr. 1–Position** Inhalt einer Vision, gelegentlich ein auf den stärksten Wettbewerber bezogenes Ziel („Schlage **Adidas**“ von **Nike** oder „Heiliger Krieg gegen **Google**“ von **Apple)** **(**Vgl. lid., Steve Jobs rief „Heiligen Krieg gegen Google aus, FAZ 3.4.2014).

Im deutschsprachigen Raum tut man sich mit derartigen Superlativen relativ schwer. Man sollte aber die Wirkung von herausfordernd, ja kämpferisch formulierten Visionen nicht unterschätzen, sind sie doch auch im Sport unverzichtbar und Voraussetzung für überdurchschnittliche Leistungen. Denn wer will sich schon mit einer Position „unter ferner liefen“ zufrieden geben!?

Exkurs: „A Challenging Vision"

Nicht alles kann und soll man von den Amerikanern übernehmen, aber wie die dortigen, international aufgestellten Unternehmen alle Mitarbeiter auf der Welt zu Höchstleistungen motivieren, ist schon bewunderns- und nachahmenswert. Natürlich gehört dazu auch ein optimales Führungsklima, leistungsgerechte Bezahlung, stringentes Controlling etc., somit Instrumente, auf denen auch der Erfolg europäischer Unternehmen maßgeblich beruht. Um aber echte Höchstleistungen, möglichst von jedem Mitarbeiter, und dies auch noch weltweit, zu erzielen, gehört mehr dazu, eine „sportliche" Herausforderung nämlich, eine Vision, die signalisiert: Wir müssen und können noch mehr erreichen!

„The world belongs to the discontented" war zum Beispiel eine Aussage, die die Mitarbeiter von Coca-Cola vor Selbstzufriedenheit bewahren und sie permanent zu Verbesserungen des eigenen Geschäfts motivieren sollte. In dieses Kapitel gehört auch, den Markt, auf dem man sich bewegt, nicht zu eng zu definieren, um so zu vermeiden, dass man sich ob der dort erreichten hohen Marktanteile gegenseitig auf die Schulter klopft (im Falle Coca-Cola: die Position auf dem Markt für „Soft-Drinks"). (Heraus-)fordernder ist es allemal, den Markt für die eigenen Produkte weitläufiger zu definieren, beispielsweise als Markt für alle Getränke inkl. Tee, Kaffee etc.. Mit Hilfe dieses „Tricks" wird man zum Nachdenken darüber angeregt, wie man beispielsweise die Verwender anderer Getränke zum Konsum der eigenen Produktkategorie motivieren kann, auch wenn der eigene Marktanteil auf diesem größeren Markt deutlich zusammenschrumpft. „We're just getting started" hieß dazu die passende Aussage von Coca-Cola. Ob es aber je gelingen wird, im Sprachgebrauch den Begriff „Kaffeepause" in „Colapause" umzuwandeln, was in diesem Zusammenhang ebenfalls erwogen wurde, ist zweifelhaft.

So übertrieben uns manche Vision erscheint wie z.B. die einer „Verdopplung des Umsatzes in den nächsten 5 Jahren", sollte man nicht unterschätzen, welche Begeisterung und Kräfte man bei den Mitarbeitern wecken kann, wenn man Ziele definiert, die zwar sehr hoch gesteckt sind, unter Aufbietung aller Kräfte aber doch erreichbar scheinen. Für solche Herausforderungen gibt es einen Trick, um deren Akzeptanz in der eigenen Mannschaft deutlich zu erhöhen: Man schreibe und veröffentliche intern einfach einen hypothetischen Artikel, der in einer namhaften Zeitung (wie Financial Times, Handelsblatt oder FAZ) in z.B. 5 Jahren erscheinen könnte, und in dem in den hellsten Farben das geschildert wird, was das eigene Unternehmen bis dahin erreicht hat. Denn im Gegensatz zu den üblichen Ziel-Formulierungen wie „Wir sollten …" oder „Wir müssen …", d.h. also Formulierungen, die vor dem Erklimmen eines Gipfels angemessen sind und die die ganze Mühsal dieses Unterfangens nur allzu deutlich vor Augen führen, ist man bei dieser Technik bereits „auf dem Gipfel angekommen" und genießt die

Aussicht, genauer: Die bis dahin erzielten (besser: erzielbaren) Ergebnisse mit den damit erfreulicherweise verbundenen Folgen. Und je reizvoller diese Aussichten sind, umso eher akzeptiert man die zur Erreichung dieser Ziele erforderlichen, oft schwierigen Maßnahmen wie z.B. Umorganisationen, Kostensenkungen oder zusätzliche Anstrengungen. Ob diese visionäre Technik allerdings auch dabei hilft, ein ganzes Land auf neue Beine zustellen, wie dies Präsident Hollande im Sommer 2013 für sein Land unter dem Motto „La France de 2025" erprobt hat, bleibt abzuwarten.

Eine Vision sollte nicht zu umfassend formuliert und jedenfalls nicht so kompliziert sein, dass man sie erst versteht, wenn man sich durch seitenlange Papiere hindurchgearbeitet hat. Um dies zu vermeiden, haben die amerikanischen **„Business Angels"**, vermögende Leute also, die angetreten sind, um „start up"-Unternehmern finanziell unter die Arme zu greifen, den sogenannten **„Elevator Pitch"** erfunden: Einem Jungunternehmer sollte es innerhalb der wenigen Minuten, die er zusammen mit einem potenziellen Investor im Aufzug verbringt, der beide zum Sitzungsraum in einem der oberen Stockwerke bringt, gelingen, die Kernidee seines (geplanten) Unternehmens und seine Ziele, somit also seine **Vision**, knapp und verständlich zu formulieren. Im Sitzungsraum selbst hat er dann natürlich mehr Zeit, den übrigen eingeladenen Investoren seinen **„Business Plan"** vorzutragen, dessen erstes Kapitel sich durchaus auch mit der Geschichte des Unternehmens, der Herkunft und Fähigkeiten der Gründer, der Geschäftsidee, dem Markt und der Ziele etc. beschäftigen kann.

Die Zusammenhänge zwischen einer Vision, einer Mission, den Zielen etc. sind wie folgt zu sehen:

- Während eine **Mission** die konkrete Marktleistung des Unternehmens beschreibt,
- formuliert eine **Vision**, was in einigen Jahren erreicht werden soll.
- Aus diesen Visionen heraus werden für die einzelnen Unternehmensbereiche konkrete **Ziele** abgeleitet, zum Beispiel für die nächsten ein („kurzfristig") bis drei („mittelfristig") Jahre.
- Eine **Strategie** beinhaltet nun die Maßnahmen, mit denen diese konkreten Ziele und somit auch die Vision erreicht werden können oder sollen.
- Für die einzelnen Abteilungen und die konkreten Investitionen, Umsätze, Kosten und Gewinne arbeitet man zumeist mit sehr konkreten

Plänen, die sozusagen die **Leitplanken** definieren, innerhalb derer sich die Mitarbeiter im kommenden Jahr bewegen dürfen.

- Schließlich resultieren aus derartigen Plänen am Ende des Planungszeitraums konkrete **Ergebnisse**,
- die im Sinne der **Kontrolle** den ursprünglichen Plänen gegenübergestellt und in einen „Soll- / Ist-Vergleich" münden.
- Mit Hilfe des **Controlling** können dann auch Schwachpunkte der Vision selbst erkannt werden, die gegebenenfalls zu deren Revision führen.

6.2 Die verschiedenen Organisationsformen

Wie organisiert man nun eininternationales Unternehmen, das angetrieben ist von einer klaren Vision und geführt wird mit einer effektiven Strategie? Auch hier gibt es leider keine eindeutigen Regeln (Hünerberg/Töpfer, 1999). Im konkreten Einzelfall hängt die Organisation stark ab

- von der **Historie**, der Entwicklung, den Traditionen und Werten des Unternehmens,
- von den **Zielen** und der gewählten **Strategie**,
- vom Verhalten sowie der Organisation der **Wettbewerber**,
- von den verfügbaren **Manager**-Talenten,
- von der erhofften **Reaktionsgeschwindigkeit** des Unternehmens,
- von der mit einer Organisation erwarteten besseren **Marktausschöpfung**,
- somit also von vielen **betriebswirtschaftlichen** Voraussetzungen,
- aber eben auch, was gern kaschiert wird, vom **Machtanspruch** und den persönlichen Präferenzen der Führung,
- vom Druck der **Börse** bzw. der Analysten,
- und nicht selten auch vom **Zufall**.

Die unterschiedlichen Organisationsformen wurden in der Literatur bereits ausgiebig dargestellt (Vgl. Czinkota/Ronkainen, 1998) und sollen daher hier nur verkürzt dargestellt und hinsichtlich einiger Vor- und Nachteile verglichen werden.

Export-Organisation

Die in den Anfängen der Internationalisierung vorherrschende Organisation ist zumeist die einer „Exportabteilung“, die regelmäßig dem Vertrieb unter- oder beigeordnet ist, mit einem „Exportleiter“ an der Spitze, der zusammen mit anderen Verkäufern die Welt bereist, dort für die eigenen Produkte Kunden gewinnt und deren Aufträge nach Hause übermittelt. Diese werden anschließend von der Exportabteilung bearbeitet, was bei unterschiedlichen Zöllen, Einfuhrbestimmungen etc. zumeist einen ziemlichen Verwaltungsapparat auslöst. Auch die Logistik wird zumeist von diesen Abteilungen organisiert.

Divisions-Organisation

Aus solchen Exportabteilungen werden spätestens dann, wenn der Auslandsumsatz immer größere Anteile des Gesamtumsatzes erreicht, eigene Bereiche oder Divisionen, die direkt dem Vorstand unterstellt sind, wenn sie nicht gleich Vorstandsrang bekommen. Ihre Aufgaben nehmen mit dem Ausmaß der Internationalisierung immer weiter zu, zum Beispiel bei Gründung von Niederlassungen im Ausland oder bei Kooperationen oder Fusionen mit örtlich ansässigen Unternehmen. Die Folge ist, dass derartige Divisionen gern zu einem „Staat im Staat“ mutieren und es u.U. zu Strategie-Abweichungen und Kompetenzgerangel kommt, was letztlich die Durchsetzung einer globalen Strategie erschwert. Derartige Probleme treten jedoch oft genug auch in anderen Organisationsformen auf, denn es wäre ja auch überraschend, wenn angesichts der Vielfalt der Welt und der permanenten Veränderungen im Markt immer alles in den vorgeschriebenen Bahnen verlaufen würde.

Regionale Organisation

Kommen immer mehr Länder als Absatzmärkte hinzu, lohnt es sich, die Welt in einzelne Regionen aufzuspalten, um die Führungsspanne überschaubar zu halten und um den jeweiligen Regionsverantwortlichen noch mehr Kompetenz und Kapazität für die Bearbeitung „ihrer Region“ zur Verfügung zu stellen.

Das Risiko einer regionalen Organisationsform ist, dass die Regionen das Ziel, ihre Märkte möglichst gut auszuschöpfen, zwar gut erfüllen, sich dadurch gelegentlich aber auch immer weiter verselbständigen, die regionalen Sortimente und Verkaufsbedingungen immer weiter auseinanderdriften und eine einheitliche weltweite Unternehmensstrategie wie auch die Erfüllung der Unternehmens-Vision unterminiert wird. Dies hatte den früheren Vorstandsvorsitzenden von **Siemens**, Peter **Löscher**, veranlasst, die Zügel enger anzuziehen und die Länder- und Regions-Gesellschaften sogenannten Clustern unterzuordnen, damit also zwischen diese und dem Vorstand eine weitere Führungsebene zu etablieren. Sein Nachfolger im Amt, Joe **Kaeser**, machte genau diese Entscheidung aber wieder rückgängig, und zwar mit der Argumentation, die Länderchefs bräuchten mehr Freiheit und Kompetenzen, um *„schneller auf die sich ändernden Erfordernisse am Markt reagieren zu können“* (kön., Siemens kassiert Löscher-Entscheidungen, FAZ 16.10.2013). Dieses Beispiel zeigt recht deutlich, dass die Wahl internationaler Organisationsformen auch vom Machtanspruch der jeweiligen Vorstandsvorsitzenden und deren Überzeugungen abhängen kann und nicht nur von einer „theoretisch richtigen“ Lösung.

Produkt-Organisation

In Unternehmen, die über ein breites Produktportfolio verfügen (wie PKW, LKW, Motorräder etc.), findet man häufig weltweite Organisationen entlang der unterschiedlichen Produktlinien, die sich zumal im Kundenkreis deutlich unterscheiden und daher völlig unterschiedliche Konzepte und Strategien erfordern. Eine Organisation nach Produkten oder Produktlinien, gelegentlich nach Marken, ermöglicht zwar eine selbständige Marktbearbeitung, verhindert aber unter Unständen eine synergetische Zusammenlegung von Funktionen. Man wird darauf zu achten haben, welche Vorteile überwiegen: die der effektiveren Marktbearbeitung oder die der günstigeren Kosten. Wie bei Marketing-Entscheidungen häufig zu beobachten, sind auch hier zwar die „hard facts“ wie Kosten, Synergien etc. genau zu errechnen, die Auswirkungen einer spezifischen Marktbearbeitung aber „soft facts“ und somit nur schwer abzuschätzen.

Funktionale Organisation

Dem möglichen Auseinanderdriften des Unternehmens in verschiedene Business Units mit separater Marktbearbeitung versucht man, durch funktionale Organisationen entgegenzuwirken: Wesentliche internationale Funktionen wie

Einkauf, Produktion, Forschung und Entwicklung, Qualitätsmanagement, Personalpolitik, Öffentlichkeitsarbeit etc. werden dabei gern in einer Hand oder in einer Zentrale vereint, so dass sichergestellt ist, dass diese Funktionen auf der ganzen Welt nicht parallel, unkoordiniert und möglicherweise kontraproduktiv erledigt werden, sondern nur dort, wo dafür die besten Voraussetzungen gegeben sind.

Auch wird so das **„NIH“**-Syndrom verhindert („Not Invented Here“), das eigenständige Units typischerweise veranlasst, alle ihnen gestellten Aufgaben möglichst selbständig und ohne Intervention der Zentrale zu erfüllen, auch wenn andere Units an denselben Problemen arbeiten. Der Nachteil funktionaler Organisationen ist, dass ein Länder- oder Regionsverantwortlicher „mehreren Herren gleichzeitig dienen“ muss, z.B. dem internationalen Verkauf- und dem internationalen Produktionschef, was gelegentlich zu Konflikten und Entscheidungsverzögerungen führen kann.

Matrix-Organisation

Diese organisatorische Mischform aus regionalen, funktionalen und produktbezogenen Elementen ist in der Praxis immer häufiger zu beobachten und eine weitere Stufe in Richtung einer wirklich transnationalen Organisation. Einige Regionen wie zum Beispiel Südamerika oder Asien müssen oft unterschiedlich organisiert und anders geführt werden als europäische. Um gleichwohl bestimmte strategische Prozesse weltweit einzuführen und deren Einhaltung sicherzustellen und um möglichst viele Synergien zu realisieren, begründet man gern derartige Matrix-Organisationen: Diese versuchen, die für die örtlichen Leistungen erforderlichen unterschiedlichen Strukturen und Prozesse zwar selbständig aufrecht zu erhalten, diese aber mit Querschnittsfunktionen (wie F & E, Marketing etc.) zu verbinden, um sicherzustellen, dass die weltweit verfolgte Strategie in allen Ländern gleichermaßen umgesetzt wird. So hat **Procter & Gamble** beispielsweise vor einiger Zeit seine breiten Sortimente in vier GBU’s („Global Business Units“) aufgeteilt, deren Stammsitze sogar weltweit verteilt sind (Cincinnati, Brüssel, Kobe, Caracas), hat den Ländergesellschaften (MDO’s: Market Development Organizations) relativ freie Hand zum Ausschöpfen örtlicher Potenziale gegeben, hat aber den kompletten Einkauf und die Produktion zu Querschnittsfunktionen erklärt und unter eine weltweit einheitliche

Leitung gestellt (SCM: Supply Chain Management). Wichtige Stabsfunktionen (CF: Corporate Functions), wie zum Beispiel Global Marketing, Market Research, Investor's Relations, PR wurden zentralisiert.

Solche Veränderung führen natürlich zu einer Entmachtung der bisher so starken Länderchefs. Bach spricht vom Ende der *„glory days of the general manager"* (wie glorios die auch immer gewesen sein mögen!), die nun zu einer Art *„König ohne Land"* mutieren (Bach, Die Globalisierung frisst ihre Kinder, FAZ 27.5.2013), was im Falle von P&G in der Tat zum Ausscheiden vieler Manger mit anspruchsvolleren Erwartungen einer weniger eingeschränkten Kompetenz geführt hat.

Auf der anderen Seite muss man natürlich konzedieren, dass sich eine weltweit erfolgreiche Organisation nicht aus einer puren Addition der verschiedenen Ländergesellschaften ergeben kann, die womöglich eine eigenständige Politik verfolgen, sondern dass es immer nötiger wird, nach außen als eine geschlossene Einheit aufzutreten und vor Ort so zu reagieren, wie es der weltweiten Vision bzw. Strategie des Unternehmens entspricht. Fehlentscheidungen in einzelnen Ländern oder Regionen können sich umgekehrt sehr negativ auf andere Länder, wenn nicht auf das gesamte Unternehmen auswirken.

Virtuelle Organisation

Dank Internet und raschen Flugverbindungen ist es heute möglich, verschiedene zentrale Funktionen über die ganze Welt zu verteilen und wie z.B. **Puma** eine „Virtual Network-Organisation" zu schaffen, mit Abteilungen in den USA, in Hongkong und natürlich auch in Deutschland. Sollten diese Abteilungen gelegentlich oder regelmäßig in Verbindung treten müssen, bieten sich nicht nur Meetings an einem zentralen Ort an, sondern vermehrt auch Video-Konferenzen oder -Telefonate. Die Computer-Technologie ermöglicht inzwischen, simultan an einem Projekt zu arbeiten, auch wenn die beteiligten Mitarbeiter ihre Arbeitsplätze überall auf der Welt verstreut haben.

6.3 Die Zukunft globaler Organisationen

Generell ist zu beobachten, dass immer mehr Unternehmen dazu übergehen, funktional einwandfreie und gleichzeitig kostenmäßig günstige **globale** oder **transnationale Organisationen** zu etablieren (Vgl. Kieninger/Lips, Auf dem Weg zum globalen Unternehmen, FAZ 22.7.2013). Denn die Probleme von Unternehmen, die zunächst ganz klein angefangen haben, sprich: Nur national oder regional vertreten waren, bekamen im Zuge ihres internationalen Wachstums vermehrt organisatorische Probleme, die mal auf die eine, mal auf die andere Art zu lösen versucht wurden. Die so entstandenen Organisationen sind mit ausgewachsenen Bäumen zu vergleichen, die zwar eine gemeinsame Wurzel, aber so viele Verzeigungen und Verästelungen haben, dass die globale Wirksamkeit darunter leiden kann.

So beklagen Kieninger/Lips (Auf dem Weg zum globalen Unternehmen, FAZ 22.7.2013; 2013): *„Oft legen die Vertriebsmannschaften vor Ort – ohne klare strategische Linie – fest, welchen Zielkunden sie welche Produkte und Services über welche Kanäle und zu welchen Konditionen anbieten. Markt- und Kundenpotentiale sind nicht systematisch erfasst. Unzureichende organisatorische Standards führen zu Effizienzverlusten. Weil in der Regel globale Steuerungsgrößen fehlen, können Unternehmen ihren Vertrieb kaum im Sinne übergeordneter Geschäftsmodelle und betriebswirtschaftlichen Notwendigkeiten nach vorne bewegen. Zudem ist häufig unklar, wo die Zentrale das Sagen hat und welche Dinge die lokalen Vertriebseinheiten selbst bestimmen; das kontraproduktive Kompetenzgerangel ist bekannt".*

Große Unternehmen sind bei der Lösung derartiger organisatorischer Probleme zwar schon viel weiter, aber auch bei diesen wird im Sinne der beschriebenen transnationalen Strategien laufend an einer dafür am besten geeigneten Organisation gebastelt. Einen generellen „Königsweg" dafür gibt es nicht, allenfalls spezifische Lösungen für einzelne Unternehmen, die bei veränderten Voraussetzungen (neue Kunden, zusätzliche Länder, neue Produkte, neue Manager etc.) aber jederzeit geändert werden können. Gleiches gilt für die Frage, ob internationale Filialen besser von einheimischen Managern geführt werden sollten oder auch von Talenten aus anderen Ländern erfolgreich geführt werden können. Zwar haben nationale Manager zumeist *„das nötige Feingefühl für das eigene Personal und die regionale Kundschaft"* (Friese, China – Bergstraße und zurück, FAZ 26./27.4.2014), aber in multinationalen Gesellschaften und bei zunehmenden internationalen Verflechtungen wird es ohnehin weniger auf die Provenienz als vielmehr auf die Produktivität ankommen. Auch in Deutschland ist inzwischen vermehrt zu beobachten, dass ausländische Manager einheimische Firmen führen – und dies nicht einmal schlecht.

Eine wesentliche Rolle bei der Schaffung globaler Strukturen spielen die **IT-Systeme**, die dafür die notwendige Transparenz in der erforderlichen Geschwindigkeit herstellen. *"Schließlich geht es darum, den globalen Vertrieb* (wie auch den Einkauf, die Produktion, die Verwaltung etc., Anm. des Verfassers) *so auf Kurs zu bringen, dass das Unternehmen als Ganzes davon profitiert."* (Kieninger/Lips, Auf dem Weg zum globalen Unternehmen, FAZ 22.7.2013).

Dennoch werden sich auch in Zukunft in internationalen Unternehmen die unterschiedlichsten organisatorischen Lösungen feststellen lassen. Auch hier gilt, dass die Unternehmenstradition, die eigene Strategie und insbesondere die handelnden Personen starken Einfluss auf die Organisationsformen haben, ob die nun „best of all" sind oder nur **„best for us"**. Ohnehin sind Unternehmen wie organische Lebewesen ständig in Bewegung, reagieren auf veränderte Umwelteinflüsse und versuchen laufend, durch Optimierungen und Umorganisationen beste Ergebnisse zu erzielen. Schon um eine gewisse Unbeweglichkeit oder die Schaffung neuerlicher „Königsreiche" zu vermeiden, werden die oft mühsam eingeführten Organisationen laufend auf den Prüfstand gestellt und regelmäßig den veränderten Anforderungen angepasst.

6.4 Instrumente & Prozesse

Aber nicht nur die Strukturen und formalen Organisationen sind für ein gut funktionierendes internationales Unternehmen wichtig, sondern auch die **Führungsinstrumente**, die die Abläufe des täglich miteinander Kommunizierens, die gegenseitigen Abstimmungen und eine geeignete Kontrolle sicherstellen. Dafür sollen beispielhaft einige Instrumente und Verfahren beschrieben werden, die besonders in internationalen Konzernen eine große Rolle spielen.

6.4.1 Ad hoc Organisation

Neben den formalen Organisationen und Hierarchien gibt es besonders in internationalen Unternehmen zumeist eine ganze Reihe von „ad hoc-Organisationen“, die zumeist nur vorübergehend eingerichtet werden, z.B. um neuartige Probleme zu lösen, Krisen zu meistern, neue Produkte einzuführen etc.. Man nennt diese – auf Englisch natürlich, weil in diesen internationalen Gruppen Englisch die gemeinsame Sprache ist – **„Project Teams“**, **„Working Groups“**, **„Steering Committees“**, **„World Team Meetings“** etc.. Ein nicht unwichtiger Nebenzweck derartiger, multinational und regelmäßig mit „high potentials” besetzten Arbeitsgruppen ist, aus diesen Arbeitsgruppen echte **globale Teams** zu bilden, für die Ländergrenzen und unterschiedliche Kulturen letztlich zu vernachlässigende Hindernisse darstellen. Derartige international besetzte Arbeitsgruppen identifizieren sich sehr stark mit den weltweiten Zielen, verinnerlichen die gemeinsame Vision, setzen die vereinbarten Strategien möglichst effektiv um und gehören zu den begeisterten Treibern eines wirklichen „Weltunternehmens“. Jungen Nachwuchsmanagern kann nur empfohlen werden, bei solchen **„Task Forces“** mitzumachen, wenn sie dazu aufgerufen werden. Derartige Aufgaben kommen zwar zumeist zu ihren normalen Jobs hinzu, die oft genug schon mit ausreichend Arbeit und Belastung verbunden sind. Aber erstens können diese Nachwuchsmanager in solchen internationalen Gruppen einen, wenn oft auch nur kleinen, Beitrag zur Weiterentwicklung des internationalen Unternehmens leisten, und zweitens werden sie dadurch – oft zum ersten Mal – für die oberen Ränge „sichtbar“, was eine wichtige Voraussetzung für ihre weitere Karriere ist.

6.4.2 Centers of Excellence

Um zu vermeiden, dass in den Ländergesellschaften gleichzeitig an denselben Problemen oder Innovationen geforscht wird, und um die für Lösung eines bestimmten Problems weltweit am besten geeigneten Mitarbeiter zusammenzubringen, etabliert man gern **„Centers of Excellence“** oder **„Competence Centers“**. Diese sollen Ideen oder Lösungen für die ganze Welt entwickeln. Bei derartigen, international ausgerichteten Abteilungen bewährt sich die Multinationalität der beteiligten Mitarbeiter ganz besonders, bringen diese doch für global angelegte Produkte oder Prozesse die notwendigen unterschiedlichen Betrachtungs- und Bewertungsweisen ein.

6.4.3 Lead Country Organisation

Oft anzutreffen sind auch relativ lose und rein kooperative Formen der Zusammenarbeit, die sicherstellen sollen, dass trotz selbständiger Führung und Verantwortung von Ländern oder Regionen grenzüberschreitende Probleme oder Aufgaben unter der Leitung des Landes gelöst werden, das dafür die besten Voraussetzungen mitbringt, z.B. für die Pflege und Bearbeitung internationaler Kunden. Ein solches Beispiel ist die „Lead Country Organisation" von **Henkel**, bei der die internationalen Kunden den Ländergesellschaften zugeordnet werden, in denen diese ihren Hauptsitz haben, also z.B. die **Metro** der **deutschen** oder **Carrefour** der **französischen Tochtergesellschaft**. Auch sind die **„Internationalen Key Account Manager"** inzwischen kaum mehr wegzudenkende Personen oder Funktionen, die ebenfalls sicherstellen sollen, dass ein und derselbe Kunde weltweit gleichermaßen behandelt und betreut wird. Oft haben diese Manager zwar keine direkte Anweisungsbefugnis, die zumeist in den für den Umsatz und den Gewinn verantwortlichen Ländern oder Regionen verbleibt. Sie sind aber zumindest ein Garant dafür, dass sich die Sicht der internationalen Kunden auch in den Gremien der Hersteller wiederfindet und ein und derselbe Kunde in verschiedenen Ländern nicht völlig unterschiedlich behandelt wird, was automatisch Rückwirkungen auf die Beziehungen zu diesem Kunden in anderen Ländern hätte.

6.4.4 Zentralisierung & Dezentralisierung

Eine Kernfrage all dieser verschiedenen Formen internationaler Organisationen ist die laufend zu stellende Frage, welche Funktionen (nicht) zentralisiert werden können und welche (nicht) zentralisiert werden sollen.

„As central as possible, as local as needed"

lautet hierfür eine geeignete Regel: Warum sollte man bestimmte Aufgaben nicht in einem Land zusammenführen und zentralisieren, wenn diese andernfalls in vielen Ländern gleichzeitig durchzuführen wären, was natürlich

Doppelarbeit bedeuten und unnötige Kosten und Zeitverluste verursachen würde. Werden solche Aufgaben in einer Hand zentralisiert, was nicht unbedingt am Stammsitz des Unternehmens geschehen muss, können diese oft ebenso effizient, wenn nicht gar effizienter, auf jeden Fall aber kostengünstiger erfüllt werden. Andererseits berücksichtigt dieser Grundsatz, dass die Zentralisierung kein Selbstzweck wird, sondern die lokalen Fähigkeiten dort eingesetzt bleiben sollten, wo sie den größten Nutzen stiften können.

So ist es kaum verwunderlich, dass häufig die **Forschung** und **Entwicklung**, der **Einkauf** und die **Produktion** (häufig zusammengefasst unter der sogenannten **„supply chain“**), die **Finanzen** und die **IT-Systeme** von zentralen Autoritäten geführt werden, während die Marktbearbeitung, der Vertrieb und das Marketing Domänen der Ländergesellschaften bleiben, um mit den zumeist noch national aufgestellten Kunden optimale Geschäfte machen und um die national nach wie vor sehr unterschiedlichen Verbrauchs- und Geschäftsgewohnheiten adäquat, sprich: Differenziert berücksichtigen zu können.

Die Vorteile der **Zentralisierung** sind finanzielle Einsparungen, höhere Geschwindigkeiten, bessere Effizienz, reduzierte Komplexität und Vermeidung von NIH („not invented here“)-Syndromen. Nachteilig könnte sich die reduzierte Motivation örtlicher Fachkräfte auswirken, die u. U. von wichtigen Entscheidungen ausgeschlossen werden, sowie ein Verlust an Effektivität, wenn die zentralseitig erarbeiteten Entscheidungen vor Ort kontraproduktiv wirken oder auf örtlichen Widerstand treffen.

Umgekehrt hat die **Dezentralisierung** den Vorteil, dass die örtliche Identifikation mit den selbst entschiedenen und durchgeführten Maßnahmen höher ist, dass gegebenenfalls stärker auf länderspezifische Belange eingegangen werden und dass so die Wirksamkeit der zu entscheidenden Maßnahmen gesteigert werden kann. Natürlich entstehen dadurch möglicherweise Doppelarbeiten und höhere Kosten, die Komplexität der Führung wird größer und die (zentrale) Unternehmensleitung verliert gewissen Einfluss. Das bessere Ergebnis ist möglicherweise – oder hoffentlich – der Lohn für diese zusätzlichen Belastungen.

6.4.5 „Balanced Scorecard“

Traditionell wurden die Unternehmen mit betriebswirtschaftlichen Kennzahlen geführt, die erst geplant, dann laufend im Ist erfasst und am Ende penibel dem Soll gegenübergestellt wurden. Dieser „Soll- / Ist-Vergleich“ hat Fehler bei der Erfüllung des Plans erkennen lassen oder aber einen Planansatz, der viel zu optimistisch war und deshalb oft im Laufe des Jahres korrigiert wurde (LE = „Latest Estimate“). Auch viele betriebswirtschaftliche Lehrsätze bauen auf diesem Theorem auf – vergleichbar nur mit der einseitigen Betrachtung des „homo oeconomicus“ in der Volkswirtschaftslehre.

Vor ca. zwei Jahrzehnten setzte sich, wie bereits erwähnt, langsam die Beobachtung durch, dass besonders diejenigen Unternehmen erfolgreich im Markt waren, die anders, und zwar „strategisch“ vorgingen. Grundlagen ihres Handelns war eine klare Strategie oder anspruchsvolle Visionen, die im Gegensatz zu den finanztechnischen Kennzahlen qualitativ formuliert waren: *„Wir wollen die Besten in diesem Segment sein“*, oder: *„Unsere Kunden sollen mit unseren Leistungen ganz zufrieden sein“*. War die Strategie gut, konnten – als Resultat – zumeist auch gute finanzielle Ergebnisse erzielt werden. Letztere mutierten somit vom Selbstzweck oder Ziel zum (quasi automatischen) Ergebnis. Anders ausgedrückt: Den Gewinn selbst kann man im Grunde weniger exakt planen als eine konkrete Maßnahme, die z.B. einen Kunden noch mehr zufriedenstellt, der dadurch noch mehr kauft und damit letztlich den erzielten Gewinn erhöht.

Qualitativ definierte Ziele allein reichen jedoch für eine erfolgreiche Unternehmensführung ebenfalls nicht aus, natürlich müssen auch die G & V und die Bilanz ordentliche Werte aufzeigen. **Qualitative** und **quantitative** Ziele müssen also miteinander **verbunden** werden. Genau dies war der Ansatz, den **Kaplan** und **Norton** entwickelten und den sie – abgeleitet von der Scorecard des komplizierten „American Baseball“, – „Balanced Scorecard“ (BSC) nannten (Kaplan/Norton, 1997).

Die Idee von Kaplan und Norton war, die qualitativen, strategischen Ziele nicht einfach so in den Raum zu stellen (wie z.B.: „Wir wollen mit unseren Lieferanten intensiver zusammenarbeiten“), ohne dass man je beweisen konnte, inwieweit diese Ziele erreicht waren, sondern die Erreichung derartiger Ziele auch in quantitativ messbaren Größen auszudrücken und so kontrollierbar zu machen.

Ein Beispiel: Wenn das strategische Ziel beispielsweise ist, die **Kundenzufriedenheit** zu steigern, kann man das Erreichen dieses Ziels u.a. anhand des erreichten oder verbesserten **Marktanteils** oder anhand der Anzahl der gewonnenen **Neukunden** messen, oder aber man führt sogar **Kundenbefragungen** durch, die herausfinden und belegen sollten, ob dieses Ziel tatsächlich erreicht wurde, wie zufrieden die Kunden wirklich waren bzw. wie sich ihre Zufriedenheit durch die eingeleiteten Maßnahmen tatsächlich verändert hat.

Die Idee der BSC ist also, dass, wenn die strategischen Ziele konsequent verfolgt und auch quantitativ messbar gemacht und kontrolliert werden, dies letztlich dazu führt, dass auch das betriebwirtschaftliche Ergebnis, die „financial performance", am besten erfüllt wird.

Auf Basis dieser Erkenntnisse gliederte zum Beispiel **Bestfoods** seine strategischen Ziele in die 4 Kategorien

- Customer Satisfaction,
- People Development,
- Business Practices,
- Innovation and Learning.

Die „Financial Performance", die bei Kaplan und Norton den vierten Baustein in diesem Baukasten darstellt („people development" fehlt dort), wurde hier als Resultante aus dem Gelingen dieser vier Determinanten angesehen. Die in der Betriebswirtschaftslehre oft postulierte Gewinnmaximierung muss also nicht unbedingt das übergeordnete Ziel sein, sondern kann auch als Lohn für die Erfolge in den vereinbarten vier Kategorien erwartet werden.

Dieses Vorgehen ist an sich logisch, denn letztlich kommt es beim Erzielen von unternehmerischen Erfolgen in der Tat doch darauf an,

- dass die Kunden zufrieden sind, damit sie mehr kaufen,
- dass die eigenen Mitarbeiter gefördert werden und sich entwickeln können, damit sie noch kompetenter werden und erfolgreicher und motivierter arbeiten können,

- dass das Geschäftsgebaren wirtschaftlich so sinnvoll ist, dass die damit verbundenen Kosten möglichst niedrig sind,
- und dass man permanent daran arbeitet, das eigene Angebot innovativ und zeitgemäß zu gestalten, damit man gegenüber den Wettbewerbern einen Vorsprung erzielen oder erhalten kann.

Für all diese Leistungs-Kategorien mussten bei **Bestfoods** nun die Ländergesellschaften pro Geschäftsjahr individuellen Ziele und konkrete Maßnahmen vorschlagen, die am Jahresende quantitativ gemessen und bewertet wurden. Um leichte von schwierigen Zielen oder die Messbarkeit der Ergebnisse und Angemessenheit der Pläne zu berücksichtigen, wurden die Ergebnisse gegebenenfalls nach den Kriterien „measurability", „difficulty", und „appropriateness" korrigiert. Aus all diesen Werten wurde dann ein gesamter **„score"** errechnet, der schließlich mit den jährlichen Bonuszahlungen der Topmanager verknüpft wurde.

<u>Exkurs</u>: Brauchen Manager Boni?

Besonders seit der Finanzkrise 2008 / 2009 wird diese Frage in der Öffentlichkeit heftig diskutiert. Boni, Tantiemen etc. gab es zwar schon lange, aber solche Millionenbeträge, wie sie bei den Investment-Bankern ans Licht kamen, sprengten doch jeglichen Rahmen von bisher bekannten Entgelten, zumal diese bei nachträglich aufgetauchten Verlusten auch nicht zurückbezahlt werden mussten. Was die Öffentlichkeit besonders erregte, war die Erkenntnis, dass viele dieser Verluste der betroffenen Banken – und damit auch die Boni – letztlich von den Steuerzahlern ausgeglichen bzw. bezahlt werden mussten.

Grundsätzlich NEIN, lautet daher auch die richtige Antwort auf die Frage, ob (angestellte und gut bezahlte) Manager (nicht Eigentümer, denn die haben ja ihr eigenes Kapital investiert und können auch in Konkurs gehen) denn überhaupt Boni brauchen oder nicht. Reinhold Sprenger (Das Prinzip Selbstverantwortung, 1996) weist nach, dass die Forderung oder Gewährung von finanziellen Anreizen eher ein Indiz für eine latente Demotivation ist und genau das Gegenteil einer tief im Inneren eines Managers ruhenden – intrinsischen – Begeisterung für die Arbeit und das Unternehmen, in dem man angestellt ist und für das man arbeitet. Mit einem Bonus wird doch suggeriert, dass ein Manger die volle Leistung erst dann erbringt, wenn er permanent „eine Wurst vor die Nase gehalten erhält". Und wenn er keinen Bonus erhält, lässt er nach diesem Theorem letztlich mit seinen Leistungen nach, wenn er nicht gleich ins Ausland auswandert, wo angeblich höhere Ein-

kommen zu erzielen sind – was bis dato aber nur von einer Handvoll Managern tatsächlich umgesetzt wurde.

Aber ganz so einfach ist es leider nicht. Erstens ist es durchaus nachvollziehbar, dass ein Manager für einen erfolgreichen Jahres-Abschluss eine Prämie erwartet und ihm diese auch gewährt wird. Zweitens gibt es derartige Gratifikationen auch in vielen anderen, wenn nicht gar in den meisten Firmen, so dass sich auch ein intrinsisch motivierter Manager fragen wird, warum ausgerechnet er „leer ausgehen" soll. Eben diesen „Nachahmer-Effekt" konnte man auch nach der Einführung der gesetzlichen Publikationspflicht der Managergehälter von DAX-Unternehmen beobachten. Dieses Gesetz war eigentlich auf den Weg gebracht worden, um Exzesse bei Gehältern und Boni zu vermeiden. Leider traf genau das Gegenteil ein: Sobald ein Manager lesen musste, dass andere Manager in vergleichbaren Firmen und Positionen deutlich mehr verdienten als er, fühlte er sich unterbezahlt und forderte von den Eigentümern einen Ausgleich. Die Folge war dann auch prompt, dass die meisten Gehälter und Boni nach Einführung dieses Gesetzes deutlich angestiegen sind.

Aus psychologischer Sicht macht es aber einen großen Unterschied, ob eine solche Prämie freiwillig ex post bezahlt wird oder schon vorab vertraglich vereinbart wurde nach dem Motto: „Erreichst Du dies, kriegst Du das". In letzterem Fall besteht die Gefahr, dass solche Vereinbarungen den Fokus der Manager weg von der Firma hin zu seinen persönlichen Interessen verschieben und u.U. sogar kontraproduktiv wirken.

Die korrekte Antwort auf die gestellte Frage lautet also: Auch wenn es im Grunde psychologisch falsch und oft genug sogar kontraproduktiv ist, angestellten Managern auch noch leistungsabhängige Boni zu geben, ist es in einem Umfeld, wo inzwischen fast alles „über's Geld" läuft und bald jeder Mitarbeiter im Erfolgsfalle einen Bonus erwartet oder bekommt, unvermeidlich, auch für im übrigen gut oder höchst bezahlte Manager einen Bonus, eine Tantieme, oder sonstige, für nachweisbar gute Leistungen ausgelobte Beträge zu vergüten. Der Weg zurück in eine bonusfreie Zeit, in der die übernommene Verantwortung, die intrinsische Motivation und ein ordentliches Gehalt inklusive Nebenleistungen wie Dienstwagen, Fahrer etc. alleine ausreichen, das Beste für sein Unternehmen zu tun, scheint somit verstellt zu sein, jedenfalls so lange, wie sich in der Wirtschaft keine anderslautende Überzeugung durchgesetzt hat, Die Spitze derartiger hoher Boni scheint durch die Diskussion über deren Sinn und Angemessenheit jedoch erreicht, wenn nicht gar gekappt worden zu sein.

6.4.6 Benchmarking

Dieses Instrument des **„Vergleichens vergleichbarer Tatbestände“** ist an sich uralt und extrem effektiv: Wer zum Beispiel als Spitzensportler 100 m in 10,2 sec. läuft und meint, er sei der Beste, wird rasch eines Besseren belehrt, wenn er mitbekommt, dass ein anderer Sportler dieselbe Strecke in 9,9 sec. gelaufen ist – obwohl er doch über dieselben menschlichen Voraussetzungen verfügt, nämlich eine hohe Reaktionsgeschwindigkeit und zwei schnelle Beine. Und er wird, wenn er ehrgeizig genug ist, so lange trainieren, bis er ebenfalls unter die 10 sec-Marke kommt. Genauso ist es in der Wirtschaft und hier besonders in internationalen Unternehmen, wo häufig in vielen Ländern an denselben Problemen und Prozessen gearbeitet wird.

Benchmarking heiß hier: „Vergleichbare Ergebnisse vergleichen, um Best-Practice Lösungen zu entdecken“, oder anders ausgedrückt: **„Learning from the Best“** (Horvàth/Herter, 1992). Dazu muss man natürlich erst die Vergleichbarkeit der Benchmarks herstellen, was bei der Produktion identischer oder ähnlicher Produkte in verschiedenen Ländern jedoch relativ leicht möglich ist. Um monetäre Kostensätze wie Löhne, Stromkosten oder Steuern zu neutralisieren, die zumeist politisch bedingt, regional sehr unterschiedlich sind und vom örtlichen Management nicht einfach korrigiert werden können, konzentriert man sich beim Benchmarking am besten auf das **Mengengerüst** der **Kostentreiber**, bezieht diese auf die Mengen des gefertigten Produkts (z.B. in Tonnen oder Stückzahl) und definiert Kennzahlen wie

- Anzahl gefertigter Produkte pro Mitarbeiter oder pro Stunde
- Wareneinsatz
- Anzahl Fertigungsstunden
- Strom- oder Wasserverbrauch
- Overhead (in Anzahl Mitarbeitern)
- Investitionssumme
- m^2 umbauten Raum
- etc.

Sind diese Daten für alle vergleichbaren Betriebsstätten in der Welt übersichtlich zusammengestellt worden, werden sie allen Verantwortlichen in den verglichenen Ländern zur Verfügung gestellt. Der Effekt wird sein, dass sich die

Länder oder Werke mit schlechteren Werten bei den Besten erkundigen werden, wie es möglich ist, derartige Bestwerte zu erreichen, und versuchen werden, dies im Sinne des „learning from the best“ nachzumachen. Dazu braucht man überhaupt keine zusätzlichen Anweisungen, Rundschreiben, geschweige denn Ermahnungen oder gar Drohungen. Der Effekt wird derselbe sein wie beim Sport: Jeder denkt: „*Was der kann, das kann ich auch*“ und bemüht sich auch ohne weitere Anweisungen, ebenfalls derartige Bestleistungen zu erzielen.

Das Benchmarking ist somit besonders in internationalen Unternehmen nahezu ein **„Selbstläufer“** und erleichtert deren Führung erheblich. Es vermeidet, dass jedes Land seine Eigenheiten und Besonderheiten betonen und so verhindern kann, dass auch in diesem heterogenen Umfeld optimale Lösungen gefunden und angewandt werden. Durch die erheblich erleichterte Art der Beweisführung und Argumentation wird es noch besser möglich, die internationale Verkäuflichkeit neuer Produkte zu beweisen, die Ausschöpfung von Märkten zu optimieren, die Kosten niedrig zu halten, die Kapazitäten besser auszulasten und die notwendigen Investitionen zu minimieren.

6.4.7 Allokation von (Marketing-) Ressourcen

Die wohl schwierigste Frage breit aufgestellter und insbesondere internationaler Firmen – und damit des (internationalen) Marketing – ist, **wann**, **wo**, **wieviel** und **wie** Markting-Budgetmittel über die Welt verteilt und eingesetzt werden sollen. Denn für Werbung, Promotions, Einführung neuer Produkte, Incentives für Kunden oder Mitarbeiter etc. stehen in marktorientierten Unternehmen typischerweise recht hohe disponible Finanzmittel zur Verfügung, in einigen Fällen sogar zwischen 10% und 20% des Umsatzes, manchmal sogar noch mehr.

Aber wie will man diese Frage richtig lösen, wenn

- die **Voraussetzungen** und **Aufgaben** in vielen Ländern völlig unterschiedlich sind,
- der **Markt** für die angebotenen Produkte unterschiedlich entwickelt ist und die **Verbraucher** unterschiedlich (re-) agieren,

- die **Wirkung** auf den Einsatz von Budgets, z.B. für Werbung, somit variiert,
- wenn auch die **Wettbewerbssituation** von Land zu Land verschieden ist,
- und wenn man davon ausgehen muss, dass Werbe- oder Marketing-Kampagnen ja nicht von heute auf morgen begonnen oder beendet werden können, sondern zumeist einen gewissen **Vor**- und **Nachlauf** erfordern.

Theoretisch, also zum Beispiel mit Hilfe mathematischer Formeln, ist diese Frage sicherlich recht einfach zu lösen, denn die Aufgabe wäre, den Einsatz der Budgetmittel unter Berücksichtigung unterschiedlicher Wirkungsfunktionen so zu optimieren, dass „unter dem Strich" für das gesamte Unternehmen das Beste herauskommt, sei es in finanzieller Hinsicht, oder sei es hinsichtlich der Erreichung strategischer Ziele (wie die Eroberung neuer Märkte). **Praktisch** ist dies nahezu unmöglich, denn ob die Wirkung der eingesetzten Mittel tatsächlich so groß sein wird wie geplant, ob die Wettbewerber genauso reagieren werden wie unterstellt, und ob letztlich die Verbraucher genauso mitziehen wie gewünscht, ist mit vielen Unsicherheiten behaftet. Vielleicht widmet sich einmal ein Wissenschaftler im Rahmen eines Forschungsprojekts diesem spannenden und schwer zu lösenden Problem, das internationale Firmen jedoch Jahr für Jahr lösen müssen.

Am Beispiel von **Beiersdorf** kann diese „Zwickmühle" verdeutlicht werden. Dieses Unternehmen hatte vor einiger Zeit veröffentlicht, dass man für das weltweite Wachstum von **NIVEA**-Produkten im Grunde drei Stoßrichtungen zur Verfügung habe (Vgl. Ansoff, 1965):

1. die Entwicklung und Einführung **neuer Produkte, Produktgruppen** oder gar völlig neuer **Produkt-Kategorien**,
2. das Steigern von (nationalen) **Marktanteilen**, sowie
3. die Einführung der Marke Nivea und vieler seiner bewährten Produkte in **neue**, **zusätzliche Länder**.

Stellt man sich einmal vor, wie viele Produkte und Produktkategorien Nivea hat (zu viele, wie man dort inzwischen eingesehen hat), in wie vielen Ländern diese

Marke bereits eingeführt wurde und wo dies noch nicht der Fall ist, lässt sich noch leichter erkennen, dass die Frage nach der optimalen Allokation der Marketing-Budgets nicht perfekt, geschweige denn „gerecht" gelöst werden kann, sondern eher nach dem Prinzip des „trial and error" vollzogen werden muss.

Das kann und darf aber Unternehmen wie Beiersdorf natürlich nicht daran hindern, die Mittel letztlich doch nach bestem Wissen auszugeben. Und bestes Wissen ist in diesem Falle die **Strategie**, z.B. überall dort, wo man vertreten ist (Produkt / Land) möglichst die Nr. 1, die Nr. 2 oder mindestens die Nr. 3-Position zu erreichen oder zu halten. Man hat nämlich gelernt, dass nachrangigere Marktpositionen auf Dauer nicht zu halten sind und vom Handel eher dazu benutzt werden, die Lieferanten zu erpressen. Ein solcher Ansatz reduziert die Komplexität der Allokations-Frage erheblich, denn man kann schon relativ genau prognostizieren, in welchen Ländern dies für welche Produkte möglich oder nötig ist und welche Mittel dafür zur Verfügung zu stellen sind, auch wenn es dann eine ganze Reihe von Feldern (Produkt / Land) gibt, die dann – zumindest im geplanten Zeitraum – leer ausgehen oder weniger erhalten als erforderlich.

Auch die **Balanced Scorecard**, die ja ebenfalls strategische Elemente in die finanzielle Planung zu übertragen hilft, ist ein recht gutes Instrument, um die Verteilung der Mittel und die anschließende Kontrolle über deren Wirkung transparent zu gestalten.

Nicht vergessen werden darf, dass das Einfrieren oder gar Entziehen von disponiblen Mittel, die für die Marktpflege, aber auch für Investitionen in Maschinen oder die Besetzung von Planstellen erforderlich sind, auch eine Frage der **Motivation** vor Ort ist. Denn wenn den örtlichen Managern vorgetragen wird, wie wichtig doch ihr Land für das Gedeihen des Gesamtkonzerns ist, gleichzeitig aber für eben diese Land notwendige Mittel verweigert werden, kann dies durchaus zu einer unerwünschten Demotivation der örtlichen Mannschaft führen. Dieses Dilemma musste in den letzten Jahren leider häufiger bewältigt werden, denn der Aufbau beispielsweise des asiatischen Kontinents und hierbei insbesondere von China erfordert(e) regelmäßig hohe Budgets, die anderen Ländern und Kontinenten vorenthalten werden mussten, auch wenn sie dort sinnvoll und strategiegerecht eingesetzt hätten werden können. Schließlich kann man verfügbare Mittel ja nur einmal ausgeben.

Geschieht diese Art der Allokation allerdings in voller Transparenz und unter Beteiligung und Überzeugung der Betroffenen in den verschiedenen Ländern, und wird für den eingeschlagenen Kurs, der für das Gesamtunternehmen richtig ist und nicht etwa nur für einzelne Länder, Verständnis erzeugt, ist der daraus abzuleitende Schaden jedenfalls leichter verkraftbar: Denn „gut für das Unternehmen" und „on strategy" sollten die in fernen Ländern investierten Mittel allemal sein. Was allerdings nicht immer stimmt, wie im Falle von **Thyssen-Krupp** zu beobachten ist, wo die (Fehl-)Investitionen in Brasilien und den USA den ganzen Konzern zu einem radikalen Sparkurs zwingt und verhindert, dass in dem einen oder anderen Land zusätzlich eingesetzte (aber nun nicht mehr verfügbare) Mittel zu überdurchschnittlichen Ergebnissen führen würden.

6.4.8 „Shareholder Value" & Humanität

Die Globalisierung von Unternehmen erfordert einen hohen Kapitalbedarf: Mitarbeiter müssen eingestellt, Läger oder gar Produktionsstätten errichtet, Werbung muss gemacht werden etc.: Oft also „das gesamte Programm". Da Kredite teuer und die Banken, was Zinszahlungen und Tilgung anlangt, unnachgiebig sind, ist es nur allzu logisch, dass besonders international ambitionierte Unternehmen ihren Kapitalbedarf verstärkt an der Börse decken: Denn wenn das Geschäft schlecht läuft und ein Unternehmen keine Dividende zahlen kann, sinkt allenfalls der Börsenkurs, was zwar die Aktionäre ärgert, aber keine ausreichende Begründung ist für eine Insolvenz. Gleichwohl ist in diesem Zusammenhang der „Shareholder Value" ins Visier geraten, der auf die Unternehmensführung einen viel stärkeren Einfluss hat als vermutet. Diese Beobachtung ist besonders in Deutschland noch relativ neu, wo die Auswüchse dieses Paradigmas erst relativ spät Ende des letzten Jahrhunderts und dann auch nicht in seiner vollen Wirkung zu beobachten sind.

Unter „Shareholder Value" wird der Gewinn verstanden, den ein Aktionär mit seinen Aktien in einem gewissen Zeitraum erzielt. Dieser Gewinn setzt sich zusammen aus der Entwicklung des Börsenkurses plus ausgeschütteter Dividende und müsste somit eigentlich **„Total Return to Shareholder"** heißen (Rappaport, 1998).

Im Gegensatz zu Deutschland oder anderen europäischen Ländern hat der „shareholder value" in den **USA** einen massiven Einfluss auf die Politik und Führung von „Wallstreet-driven" Unternehmen. Da vom Börsenkurs und dessen Entwicklung nicht nur die Zugänge zu den Finanzierungsquellen und die Höhe der Finanzierungskosten abhängen, sondern zumeist auch die Gehälter der Top-Manager, wird dort die Pflege des Börsenkurses und der gute Kontakt zu den Analysten, die die Aktien möglichst zum Kauf empfehlen und so eine Kursteigerung auslösen sollen, gelegentlich wichtiger genommen als geschäftspolitische Entscheidungen (Vgl. Piper, Analysten an die Macht, Die Zeit 22.4.1999). So kommt es in derartigen Unternehmen oft genug zu Entscheidungen, die im Gegensatz zu den langfristigen Zielen oder den Interessen der weiteren **„stakeholder"** stehen (Banken, Kunden, Lieferanten, Staat, Mitarbeiter etc.) (Vgl. Schäfer, Erhebliche Vorbehalte, Wirtschaftswoche 13.4.2000).

Nicht umsonst kann man häufig lesen, dass umgekehrt Unternehmen in Familienbesitz, die auf kurzfristige Entwicklungen eines Börsenkurses nicht reagieren müssen und die Meinungen und Empfehlungen von Analysten negieren können, auch deshalb langfristig u.U. erheblich erfolgreicher wirtschaften können.

Beispiele für (Über-)Reaktionen auf die Börsenkursentwicklung gibt es genug: Da wird, wenn diese unbefriedigend ist, der CEO gestürzt, und der Neue ändert gleich mal die (Marketing-)Strategie. Da entscheidet sich – zum Wohlgefallen der Börse – ein Unternehmen zu einem radikalen Sparkurs und entlässt viele Mitarbeiter, und der Börsenkurs steigt wieder. Dabei wären viele dieser Mitarbeiter vielleicht dringend erforderlich, um die langfristig angestrebten Ziele zu erfüllen.

Wenn dann auch noch die **Manager-Entlohnung** in hohem Maße von der Kursentwicklung abhängt (in den USA sprechen wir hier von zig Millionen Dollar – pro Kopf und Jahr!), dann gerät ein Unternehmen leicht in derartige Zwänge, von denen natürlich auch das internationale Marketing betroffen sein kann. So berichtete „The Economist" am 29. Januar 2000:

> *„Coca-Cola said that it would cut 6.000 jobs from its worldwide workforce of 29.000, including 2.500 at its Atlanta headquarter, after*

announcing a net loss of $ 45m for the late quarter, despite an 11% rise in revenues to 4,9 billion. The lay-offs are part of a wide-ranging restructuring of the company by Douglas Draft, the new boss, aimed at improving sales and profits."
(The Economist 1/2000; Kno; Coca-Cola will sich von rund 6000 Mitarbeitern trennen, FAZ 27.1.2000)).

Man beachte: Wegen eines Quartalsverlustes mussten weltweit 6.000 Mitarbeiter, davon allein 2.500 in der Zentralverwaltung von Atlanta, gehen, von denen nicht die wenigsten dafür verantwortlich waren, die Umsetzung der Marketing-Strategie von **Coca-Cola** weltweit adäquat zu steuern und zu kontrollieren.

Wer selbst in einem solchen kursgetriebenem Umfeld arbeitet oder gearbeitet hat, kann sicherlich noch weitere Beispiele dieser oft an Hysterie grenzenden Aktionen und Reaktionen schildern, die einzig und allein dem Zweck dienen, den Börsenkurs zu pflegen, d.h., diesen möglichst zu steigern. Und da „die Börse" im Grunde nur an kurzfristigen Kursentwicklungen interessiert ist (inzwischen sogar an denen in Millisekunden) und Aktionäre von heute auf morgen die Aktien „ihres Unternehmens" verkaufen, wenn keine weiteren Kurssteigerungen zu erwarten sind, ist auch nicht überraschend, dass langfristige Überlegungen, Marketing-Strategien oder gar humanitäre Überlegungen bei dieser Art von Eigentümern nur eine untergeordnete Rolle spielen.

Exkurs: Börsenkurs und „wahrer Wert"

Nicht selten wird auf den Börsenkurs eines Unternehmens und dessen Entwicklung verwiesen, wenn man klären will, wie hoch der „Marktwert" eines Unternehmens ist und wie sich dieser voraussichtlich entwickeln wird. Diese Werte betrugen bei Apple im Jahr 2013 nahezu 100 Mrd. $ und bei Coca-Cola, das jahrzehntelang an der Spitze der „wertvollen Unternehmen" stand, etwas über 90 Mrd. $ (loe., Apple überrundet Coca-Cola, FAZ 1.10.2013).

Diese Angaben stimmen insofern, als dass man eben diese Börsenwerte bezahlen müsste, wenn man die Aktien eines Unternehmens sofort und womöglich unbemerkt kaufen würde bzw. könnte. Dies ist bekanntlich so aber nicht möglich, denn massive Aktienkäufe würden auch die Kurse entsprechend in die Höhe treiben. Die wahren Kaufpreise von börsengeführten Unternehmen wären in diesen

Fällen also noch höher, wobei damit aber auch nicht ausgesagt ist, dass eben diese Preise die „wahren Werte“ dieser Unternehmen widerspiegelt.

Denn wie ist es zu erklären, dass solche Börsenwerte – aus welchen, oft unternehmensfernen Gründen auch immer – permanent schwanken, manchmal sogar um hohe Prozentsätze zurückgehen? Ist dann plötzlich der Wert dieser Unternehmen um so viel niedriger, auch wenn deren Strategie, die Umsätze, die Gewinne, das Management etc. unverändert sind?

Wenn man über viele Jahre verfolgen konnte, nach welchen Kriterien Aktienkäufer vorgehen und wie und warum Kurse steigen oder fallen, dann kann man sich des Eindrucks nicht erwehren, dass viele Kurse einfach deshalb steigen, weil sie steigen, und fallen, weil sie fallen. Diese Tautologie begründet sich im Herdentrieb der Anleger einerseits und der Spekulationsabsicht der Börsenhändler andererseits: Beides hat aber mit dem wirklichen Unternehmenswert oft nur wenig zu tun.

Insofern ist die Aussage berechtigt, dass die Aktienkurse für viele wirtschaftliche Entscheidungen zwar eine wichtige Basis sind (z.B. bei Kapitalerhöhungen, Firmenkäufen etc.), dass man aber im übrigen nicht zuviel in die Kurse und deren Entwicklung hinein interpretieren und den aktuellen Börsenwert keinesfalls als einzigen Maßstab für den wahren Wert eines Unternehmens akzeptieren sollte.

Dieses Beispiel der starken Abhängigkeit börsengeführter Unternehmen vom Kapitalmarkt macht einen tiefer liegenden Konflikt deutlich, der in der letzten Zeit immer häufiger – und zunehmend kritisch – diskutiert wird: Hat eigentlich in der Wirtschaft das Kapital Vorrang oder haben dies die arbeitenden Menschen? Oder, wie Papst Johannes Paul II einmal besorgt gefragt hatte:

„Sind eigentlich die Menschen für die Wirtschaft da,
oder ist, umgekehrt, die Wirtschaft für die Menschen da?“

Diese Frage ist noch relativ neu, noch vor nicht einmal einem halben Jahrhundert gab es diese Diskussion noch nicht. In früheren Lehrbüchern der Betriebswirtschaftslehre findet sich über diese Problematik überhaupt nichts, in manchen kommen die Worte „Aktionär“ oder „Börse“ noch nicht einmal vor (Vgl. Nieschlag/Dichtl/Hörschgen, Einführung in die Lehre von der Absatzwirtschaft, 1968).

Mit der wachsenden Bedeutung und Höhe des eingesetzten Kapitals und mit verstärkter Rücksichtsnahme darauf geriet der Mensch als Akteur der Wirtschaft mehr und mehr in den Hintergrund. Plötzlich hieß es nicht mehr: *„Der Mensch ist Mittelpunkt“*, sondern: *„Der Mensch ist Mittel. Punkt“.* Oder, wie es Otto **Pahnke**, langjähriger Geschäftsführer der Firma August **Storck**, einmal mit einem Zwischenruf während eines großen Kongresses auf den Punkt gebracht hatte: *„Der Mensch steht im Mittelpunkt - und da stört er!“*.

Diese fast unmenschlich anmutende Einstellung scheint sich derzeit zwar etwas zu verändern, und dies nicht nur in Wirtschaft und Gesellschaft: Inzwischen hat z.B. auch der Wirtschaftsrat der **CDU** erkannt, dass man in der Wirtschaft soziale und humanitäre Probleme stärker berücksichtigen müsse. In einem kürzlich veröffentlichten Konzept heißt es: *„Wirtschaft ist kein Selbstzweck, sondern hat den Menschen zu dienen“* (mas, CDU-Wirtschaftsrat fordert mehr Vorbilder, FAZ 23.4.2013).

Fakt ist und bleibt aber, dass – abgesehen von staatlich organisierten Beschäftigungsgesellschaften – Unternehmen nicht gegründet werden, um Menschen zu beschäftigen und möglichst gut zu entlohnen. Dennoch wird man sich verstärkt dessen bewusst, dass die arbeitenden Menschen auch das Ihrige – und zumeist nicht das Unwichtigste – dazu beitragen, dass Unternehmen ihre Leistungen erbringen können, jedenfalls, so lange diese Leistung am Markt verlangt wird. Denn Unternehmen funktionieren weder einseitig nach **kapitalwirtschaftlichen** Leitlinien noch ausschließlich aufgrund ihrer **sozialen** Verantwortung. Beides muss offensichtlich verstärkt in Einklang gebracht werden, und je besser dies geschieht, umso erfolgreicher wird ein Unternehmen auf Dauer auch sein. Diesen Spagat hat Karl **Lang**, CEO der Firma Georg **Kohl**, einmal so ausgedrückt:

„Ohne Gewinn werden wir es nicht schaffen,
aber ohne Menschlichkeit werden wir es nicht ertragen“.

Einen Königsweg zur totalen Befriedigung beider Seiten, also des Kapitals wie der Mitarbeiter, wird es wohl kaum jemals geben, denkt man nur daran, dass immer wieder Arbeitsplätze, aus welchen Gründen auch immer, abgebaut werden müssen und auch engagierte und langjährig erfolgreich tätige Mitarbeiter ihren Arbeitsplatz verlieren, was für sie und ihre Familien oft tragische Folgen hat. Wenn das „Kapital" allein derartige Einschnitte möglichst kostengünstig umsetzt, führt diese zumeist zu unglaublichen Härten, wie man das z.B. in den USA bei Werksschließungen beobachten kann. Hingegen führt eine verstärkt mehr sozial ausgerichtet Unternehmensführung zu deutlich akzeptableren Lösungen, beispielsweise im Sinne von ausreichend hohen Abfindungen und Programmen, die sich um eine Wiedereingliederung der zu Entlassenen kümmern. Vorreiter für einen solchen Paradigmenwechsel sind allerdings immer noch eher **Familien-Unternehmen**, die nicht unmittelbar vom Kapitalmarkt und dessen Gesetzen abhängen, wie z.B. das Drogerieunternehmen **DM** (Werner, 2013).

Ob auch der **Kapitalmarkt** jemals bereit sein wird, zugunsten von mehr Menschlichkeit gegebenenfalls auf Rendite zu verzichten, muss sich erst noch erweisen. Sollte beides zusammenpassen, nämlich mehr Menschlichkeit und vielleicht gerade deshalb mehr Rendite, wäre ein Weg gefunden, der alle Beteiligten zufriedenstellen kann. Denn nicht nur im Zusammenhang mit der Behandlung von Menschen werden Unternehmen inzwischen mit verstärkter öffentlicher Aufmerksamkeit und zunehmenden Forderungen konfrontiert. Auch die Berücksichtigung ökologischer Belange und die Ausrichtung nach „nachhaltiger Unternehmensführung" sind inzwischen Rahmenbedingungen, die insbesondere weltweit agierende Unternehmen zunehmend berücksichtigen müssen, wollen sie weiterhin die notwendige Akzeptanz ihrer Kunden gewinnen oder erhalten.

6.4.9 „Corporate Social Responsibility" (CSR) und „Nachhaltigkeit"

Ein Beispiel für diese sich verändernde Einstellung und Führung ist die verstärkte Orientierung an der CSR („Corporate Social Responsibility") und an der sogenannten Nachhaltigkeit („Sustainable Development"), ein Begriff, der aus der Holzwirtschaft stammt, zum ersten Mal im 17. Jahrhundert vom sächsischen Oberberghauptmann Hans Carl von Carlowitz verwendet wurde und bedeutet, dass nicht mehr Holz geschlagen werden sollte als nachwachsen kann. Auf die heutige Zeit übertragen heißt dies, nur so viele Rohstoffe auszubeuten bzw. die Erde, die Luft und die Gewässer nur so zu behandeln, dass auch die nachkommenden Generationen genügend davon zur Verfügung haben und weiterhin gut leben können (Vgl. Pufé, Nachhaltigkeit, 2012; Erenz, Ein Wort geht um die Welt, Die Zeit 18.4.2013).

Dass insbesondere die großen, weltweit aufgestellten Unternehmen sich immer mehr ihrer Verantwortung für die Menschheit und Umwelt bewusst werden und entsprechende Schutzmaßnahmen einleiten, liegt bestimmt nicht daran, dass sie selbst darauf gekommen wären und dies freiwillig tun. Nachdem sich aber eine immer kritischere und umweltbewusstere **Verbraucherschicht** gebildet hat, und nachdem die **Medien** Verstöße gegen Menschenrechte oder gegen die Umwelt immer stärker anprangern, gehen manche Unternehmen sogar in die Offensive und versuchen, derartige, für die Unternehmen oft völlig neue Anforderungen, zu ihrem eigenen Schutz möglichst optimal zu erfüllen.

Dabei können sie sich auf überbetriebliche, internationale Rahmenabkommen stützen, wie zum Beispiel auf den **„UN Global Compact“**, die GRI (**„Global Reporting initiative“**), die BSCI (**„Business Social Compliance Initiative“**) oder den **„Code of Conduct“** der **ILO**, der internationalen Arbeitsorganisation. Zwar sind die in diesen Abkommen geforderten Zusagen respektive Forderungen weder leicht zu erfüllen, geschweige denn einwandfrei zu kontrollieren. Die Unterschrift unter derartige Verpflichtungen bzw. die Veröffentlichung solcher Ziele verstärkt aber die Ernsthaftigkeit und Verbindlichkeit der von den Unternehmen angekündigten Maßnahmen. Auf Verstöße gegen diese selbst gesteckten und veröffentlichten Ziele reagiert die Öffentlichkeit dann auch umso heftiger, und dies besonders dann, wenn man den Eindruck erhält, dass sich Unternehmen mit derartigen Etiketten nur eine Art „Schutzmantel“ vor unliebsamen Angriffen auf das eigene Geschäftsgebaren umhängen und ihre Reputation auch bei kritischen Verbrauchern stärken wollen („greenwashing“). Denn besonders hier gilt: *„Je höher man fliegt, desto tiefer kann man fallen“.*

Sollten das **Umweltbewusstsein** und die Berücksichtigung **sozialer Fragen** weiterhin und sogar immer stärker die Märkte und das Verhalten der Verbraucher und damit auch das der Unternehmen beeinflussen, kann man mit Recht voraussagen, dass dann ein neues Kapitel in der globalen Wirtschaft aufgeschlagen würde. Gleichwohl sollte man dann nicht ein „Paradies auf Erden“ erwarten: Insgesamt überwiegt beim Ressourcenverbrauch leider immer noch der sog. **„Rebound-Effekt“**, der besagt, dass die Industrie zwar immer mehr

Energie- und Rohstoff sparende Produkte entwickelt, der Verbrauch an Energie und Rohstoffen insgesamt gleichwohl weiter zunimmt, und dies nicht zuletzt aufgrund weiter steigender Bevölkerungszahlen (Vgl. Rubin, Warum die Welt immer kleiner wird. Öl und das Ende der Globalisierung, 2010). Ohnehin wird oft übersehen, wenn nicht unterschlagen, dass für viele der beklagten Umwelt- und Klimaprobleme nicht zuletzt die **Milliarden Menschen** verantwortlich sind, die allein in den letzten Jahrzehnten die Welt zusätzlich bevölkern. Schließlich will jeder Erdenbürger ordentlich wohnen, heizen, sich waschen und wenigstens einmal am Tag eine warme Mahlzeit einnehmen.

Die von den Unternehmen mehr und mehr publizierten Maßnahmen unter den Stichworten CSR und Nachhaltigkeit beinhalten konkret:

- stärkere Berücksichtigung der Rechte der **Beschäftigten**, und dabei insbesondere deren anständige **Entlohnung** und **Arbeitsbedingungen**,
- Vermeidung von **Zwangs**- und **Kinderarbeit**,
- Verzicht auf **diskriminierende** Personalpolitik,
- Einsatz **umwelt**freundlicher und **Ressourcen schonender** Technologien,
- Vermeidung schädlicher **Emissionen**, bis hin zur
- Ächtung von **Korruption**
- und anderer **illegalen** Methoden.

Michael **Otto**, der als einer der ersten Unternehmer in Deutschland mit seinen Versand-Unternehmen – und damit als einer der größten Importeure und Arbeitgeber in den Entwicklungsländern – auf diese Erkenntnis reagiert und erkannt hat, dass es so nicht weitergehen kann wie bisher, formulierte diese Ziele auf dem 49. Münchner MMM-Kongress 2011 in München wie folgt:

> *„Wirtschaftliches Wachstum muss den Menschen dienen und darf der Natur nicht schaden. Daher sind Ökonomie, Ökologie und soziale Verantwortung gleichzeitig zu beachten"*

Unilever hat sich im 2010 vorgestellten „Sustainable Living Plan" folgende anspruchsvolle ökonomischen, ökologischen und sozialen Ziele gesetzt:

1. Eine Milliarde Menschen auf der Welt zu besserer Gesundheit und zu mehr Lebensqualität zu verhelfen,
2. die Umweltbelastungen der eigenen Produkte zu halbieren und
3. 100% der landwirtschaftlichen Rohware aus nachhaltigem Anbau zu beziehen.

Interessanterweise fehlt in diesem Aufgabenkatalog das Thema soziale Arbeitsbedingungen für die Mitarbeiter, was nicht überrascht, will man sich mit einer derartigen Zielsetzung doch keine Kosten- und damit Wettbewerbsnachteile einhandeln. **Nestlé** berichtet in seinem zweiten „Nestlé in Society Report“ von den Zielen, Verbesserungen vorzunehmen in den Bereichen Ernährung, ländliche Entwicklung, Beschaffung von Rohstoffen, Wasser, ökologische Nachhaltigkeit sowie Mitarbeiter, Menschenrechte und Unternehmensführung (Du., Großer Aufwand für die Welt und einen besseren Ruf, FAZ 11.3.2014).

Freiwillig sind derartige Initiativen zwar nicht entstanden, aber sie beweisen auch, welchen großen Einfluss die **öffentliche Meinung** inzwischen auf die Unternehmenspolitik auch derartiger Großkonzerne haben kann. Dennoch kann man sich des Eindrucks nicht erwehren, dass solch „hehre“ Ziele rasch in den Hintergrund rücken oder in letzter Konsequenz vielleicht gar nicht erfüllt werden können, wenn dies auf Seiten der Hersteller zu kräftigen Umsatz- und **Gewinneinbußen** führen und auf Seiten der Verbraucher deutliche **Verhaltensänderungen** erfordern würde. Auch der **Kapitalmarkt** müsste sich umstellen und im Zweifelsfall nachhaltiges Wirtschaften gleich hoch, wenn nicht höher bewerten als die finanziellen Ergebnisse. Man stelle sich beispielsweise vor, alle Lebensmittelhersteller konzentrierten sich nur noch auf nachhaltig angebaute Produkte und es gäbe davon nicht genügend, oder die Verbraucher müssten zugunsten anständigerer Löhne in den Entwicklungsländern höhere Preise für ihre Bekleidung bezahlen. *„Nachhaltige Produktion ist eine unsinnige Vokabel wie friedlicher Krieg“,* formulierte daher **Denis Meadow**, einer der Mitautoren der „Grenzen des Wachstums“ (in: o.V. „Grüne Industrie ist reine Phantasie“, FAZ 4.12.2012). Eine kürzlich erschienene Studie über das gesellschaftliche Engagement der 30 größten börsennotierten DAX-Unternehmen in Deutschland ergab zudem, dass diese zwar gern über die Planung ihrer vielfältigen Aktivitäten auf diesem Gebiet berichten, kaum aber darüber, was letztlich dabei herauskam (o.V., Unternehmerische Engagement ohne handfeste Bilanzen, FAZ 23.8.2014).

Dazu kommt, dass es bei der Verfolgung nachhaltiger Ziele auch systemimmanente **Zielkonflikte** gibt:

- Sollen zum Beispiel die Ziele betreffend die Ökonomie, die Ökologie und das Soziale wirklich gleich **bewertet** werden, oder stehen sie in einer Hierarchie zueinander, wie zum Beispiel: Erst die Ökologie, dann das Soziale und erst dann die Ökonomie? Oder umgekehrt?
- Wie soll man sich bei **Zielkonflikten** entscheiden, wenn zum Beispiel die Realisierung des einen Ziels (z.B. das Soziale betreffend) die Erfüllung anderer Ziele (z.B. die Ökonomie betreffend) verhindert oder erschwert?
- Wie wird „Nachhaltigkeit" konkret **gemessen**? Nur anhand der CO^2-Emissionen des gesamten Unternehmens? Oder auch anhand des Verbrauchs von Wasser oder anderer Rohstoffe?
- Wie werden die Ziele der Nachhaltigkeit auf die verschiedenen Unternehmensebenen **verteilt**, dort **umgesetzt** und **kontrolliert**?
- Wie werden die positiven **Wirkungen** (z.B. auf das Image, die Kundenbindung oder die Mitarbeiterzufriedenheit) konkret gemessen?
- Wenn die mit der Verfolgung nachhaltiger Ziele erhoffte **Sympathie** der Verbraucher ausfällt, verfolgt man diese dann weiterhin, zumal sie ja nicht zum Nulltarif zu erreichen sind?
- Wie geht man damit um, wenn bekannt wird, wie weit man nach wie vor von der Realisierung derartiger Ziele entfernt ist oder gar Maßnahmen unterlässt, die theoretisch möglich oder nützlich wären, aber eben **„unwirtschaftlich"** sind?
- Wie werden die kurz- und wie die **langfristigen Wirkungen** bewertet? (Vgl. Utz Schäfer, Logisch – aber schwer umzusetzen, FAZ 31.10.2011).

Man sollte allerdings nicht zu kritisch mit den **Anfangsproblemen** dieser ja noch recht jungen Disziplin umgehen und zunächst glücklich darüber sein, dass die CSR oder generell die Nachhaltigkeit überhaupt in den Fokus von Unternehmen gerieten und vielleicht stückweise Verbesserungen für die nachkommenden Generationen bewirken. Ausschlaggebend für den nachhaltigen Erfolg dieser Maßnahmen sind letztlich aber die **Verbraucher**: Es muss sich in der Zukunft erweisen, ob bzw. inwieweit diese bereit sein werden, bei gleichem oder gar steigenden Einkommen – bzw. bei womöglich sogar sinkenden Einkommen – im Sinne eines „ethischen Konsums" **höhere Preise** zugunsten einer **ökologischer** Ausrichtung zu akzeptieren und ihr eigenes Verhalten entsprechend umzustellen, vielleicht sogar hier und da auf die Befriedigung von Bedürfnissen zu verzichten, zum Beispiel auf umweltschädliche Fernreisen. **Alain Caparros**, Vorstandsvorsitzender der **REWE**, ist da noch etwas skeptisch und kritisierte auf dem Deutschen Nachhaltigkeitstag am 4.11.2011 in Düsseldorf: *„Fast alle Verbraucher lehnen Kinderarbeit ab. Wenn sie aber eine Hose für 1,99 Euro kaufen können, fragen viele nicht, wie sie hergestellt worden sind"* (lib., Noch wirtschaften die Deutschen nicht allzu nachhaltig, FAZ 5.11.2011).

In der Tat zeigen viele, wenn nicht die meisten Verbraucher derzeit immer noch ein **gespaltenes**, häufig genug sogar ein kontraproduktives **Verhalten**: Auf der einen Seite steigen – von niedriger Basis ausgehend – die Anteile der Bio- und fair produzierten und gehandelten Produkte, auf der anderen Seite steigt aber auch der Absatz von SUV's (Sport Utility Vehicles), d.h. von Sprit-fressenden Geländewagen. Aber auch dies kann sich ändern, so wie immer wieder zu beobachten ist, dass gravierende, ja: Schockierende Ereignisse das Bewusstsein vieler Verbraucher beeinflussen (Beispiel: Der Atom-Gau in Fukushima) und ein verändertes Konsumverhalten einleiten können. Wenn diese Beobachtung stimmt, ist eine diesbezügliche Veränderung eher als **Reaktion** auf eine einschneidende Ursache zu erwarten denn als überlegte, planvolle und autonome Entwicklung. Sind doch die Menschen normalerweise kaum bereit sind, **zugunsten langfristiger Vorteile kurzfristig Nachteile** hinzunehmen und reagieren sie doch mit dauerhaften Verhaltensänderungen eher auf ihnen aufgezwungene Notwendigkeiten als diese zu antizipieren. Bevor es also besser wird, muss es vermutlich oder leider erst einmal schlechter werden.

6.5 Internationale Marktforschung

Die internationale Marktforschung unterscheidet sich nicht grundsätzlich von den national eingesetzten Methoden, nur hat sie mit Problemen zu kämpfen, die aus dem wesentlich breiteren und heterogeneren Analyseobjekt, der so unterschiedlichen Welt, herrühren. Dementsprechend sind es nicht selten Hunderte von Fragen, die beantwortet werden müssen, bevor sich ein Unternehmen für eingrößeres Engagement in einem fremden Land entschließt.

Abgesehen von der deutlich vergrößerten **Datenfülle** sind es insbesondere Fragen der **Vollständigkeit**, der **Verlässlichkeit** und der **Verfügbarkeit** der benötigten Daten, denn nicht überall auf der Welt werden diese mit gleicher Sorgfalt ermittelt. Will man beispielsweise **„Weltmarktanteile"** errechnen, wird man nicht umhin kommen, mangels Verfügbarkeit oder Verlässlichkeit immer wieder Daten einfach nur zu schätzen oder hochzurechnen, was aber auch bei nicht hundertprozentig stimmigen Annahmen oder unterschiedlichen Erhebungsmethoden auf den Ausweis von „Weltmarktdaten" oft nur einen geringen Einfluss, sozusagen nur „hinter dem Komma", haben wird.

Die wichtigsten Aufgaben der internationalen Marktforschung sind, die für internationale Entscheidungen benötigten Daten zu ermitteln, wie zum Beispiel die Größe (Menge / Wert) der weltweiten Märkte und deren Entwicklung, die Konsumgewohnheiten in einzelnen Ländern, die Strukturen und das Verhalten des Handels und der Wettbewerber, die Schwierigkeiten des Markzugangs bis hin zu bestehenden oder zu erwartenden Handelshindernissen und anderen Einflussfaktoren.

Durch die entsprechende **Strukturierung** werden

- die **Unterschiedlichkeit** der einzelnen Märkte oder Regionen herausgearbeitet,
- die **Unsicherheit** von Entscheidungen reduziert,
- können frühzeitig **Warnsignale** über relevante Veränderungen auf den Märkten erkannt und
- **neue Ideen** generiert werden.
- Schließlich kann **kontrolliert** werden, ob die angewandten Mittel auch zum gewünschten Erfolg führen.

Liegen alle Daten und Ergebnisse aus den relevanten Ländern vor, ist eine wichtige Aufgabe der internationalen Marktforschung, einen möglichen **Daten-Overload** zu vermeiden und die ermittelten Fakten so zusammenzustellen, dass die für anstehende Entscheidungen notwendigen Erkenntnisse nicht in der Datenfülle verloren gehen. Ein grundsätzliches Problem der internationalen Marktforschung besteht nämlich darin, dass man „vor lauter Bäumen den Wald nicht mehr erkennen kann“. Anstatt alle erfassten Daten ausführlich zu präsentieren, kommt es darauf an, diese geschickt zu akkumulieren, ohne dass wesentliche Detailinformationen verloren gehen.

Darauf sind die internationalen Marktforschungs-Unternehmen wie **TNS** oder **GfK** inzwischen bestens vorbereitet, die zudem ihre Präsenz und ihre Angebote auf möglichst viele Länder ausweiten, um antwortbereit zu sein auf die unterschiedlichsten länderbezogenen Fragestellungen.

Zusammenfassung

Damit soll die Frage des 6. Kapitel, wie in internationalen Unternehmen das Marketing und das Management zu organisieren sind, jedenfalls in knapper Form beantwortet worden sein. Es sollte deutlich werden, dass internationales Management und Marketing auch im Weltmaßstab durchaus ohne Zaubern möglich und nicht so komplex und kompliziert ist, wie man es sich vielleicht vorgestellt hat.

Spätestens hier wird noch einmal deutlich, dass das Thema „Internationales Marketing“ im Verhältnis zum „Nationalen Marketing“ durchaus seinen eigenen Stellenwert und seine eigenen Probleme hat, die nur mit spezifischen Methoden zu lösen sind. Irgendwann werden sich vielleicht die Grenzen zwischen nationalem und internationalem Markting auflösen, spätestens dann, wenn die meisten Firmen ohnehin auf der ganzen Welt tätig sind und diese als „einen Markt“ behandeln, sei es beim Einkauf, bei der Produktion oder beim Verkauf. So wie ja inzwischen auch Deutschland als ein Markt betrachtet wird, obwohl die Ausgangssituation in den einzelnen Bundesländern oft unterschiedlich war und z.T. noch ist, was z.B. noch einige Jahre in den Neuen Bundesländern zu beobachten war.

7. Standardisierung & Differenzierung

In amerikanischen Lehrbüchern kann man oft lesen: „*International marketing is all about standardization versus differenziation*". In der Tat handelt es sich bei der Frage, ob das eigene Angebot und dessen Werbung in vielen oder gar allen Ländern der Welt, je nach örtlichem Bedarf, differenziert ausgestaltet werden sollen (**„differenziation"**), oder ob man die ganze Welt mit einem standardisierten Angebot überziehen soll (**„standardization"**), um die wichtigste Kernfrage des internationalen Marketing. Zwischen diesen beiden extremen Positionen gibt es natürlich auch viele Zwischenschritte, so zum Beispiel die „soft differenziation", d.h. also nur marginale Veränderungen eines an sich standardisierten Produkts, oder die „soft standardization", bei der nur einige wenige Teile des Angebots standardisiert, die anderen aber bewusst differenziert werden.

7.1 Das Gesetz des internationalen Marketing

Theoretisch ist es einfach, den optimalen, sprich: gewinnmaximalen Punkt zwischen einem standardisierten und einem differenzierten Angebot zu finden: Trägt man beispielsweise die **Kosten** pro Stück auf einer Achse auf, die bei einem völlig differenzierten – und dadurch sehr kostenintensiven – Angebot beginnt und einem völlig standardisierten – und damit dem billigsten – endet, wird man annehmen können, dass diese Kurve fällt (gepunktete Linie). Sie fällt dann progressiv, wenn die Kosten zu Beginn des Standardisierungsprozesses rasch sinken, weil man sich zunächst auf die Maßnahmen konzentriert, die den größten Einspareffekt haben. Dies geschieht typischerweise in der Produktion durch Reduzierung der Variantenvielfalt, durch Vereinheitlichung von Verpackungen, durch Verwendung derselben Rezepturen und Rohstoffe, oder zum Beispiel in der Werbung durch einheitliche Spots, für die dann die oft recht hohen Produktionskosten nur einmal anfallen.

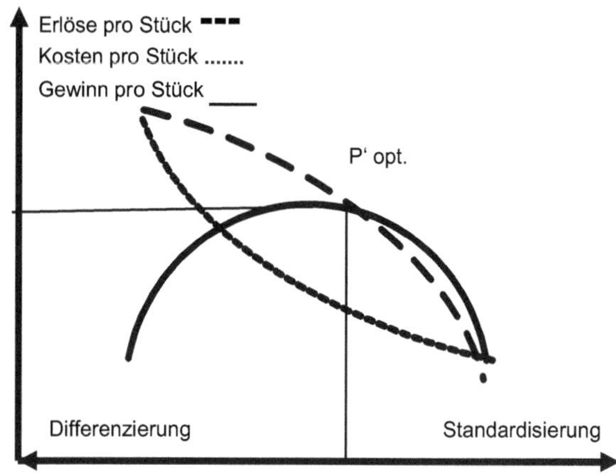

Ähnlich sieht es bei der **Erlös**kurve aus: Auch diese Kurve (gestrichelte Linie) fällt voraussichtlich, zu Beginn aber eher langsam (degressiv), wenn man sich zunächst auf die Maßnahmen der Standardisierung konzentriert, die für die Verbraucher kaum sichtbar sind. Erst im weiteren Verlauf der Standardisierung fallen die Stückerlöse kräftiger, sollten die Verbraucher mit zunehmend standardisierten Angeboten immer unzufriedener werden.

Die Differenz zwischen Stückerlösen und Stückkosten ergeben schließlich die alternativen Stück-**Gewinne** (durchgezogene Linie): Diese Linie wird im Zuge der beginnenden Standardisierung zunächst ansteigen, dann aber, nach einem maximalen oder optimalen Punkt „P'opt." wieder fallen.

Anders ausgedrückt: Mit zunehmender Standardisierung nimmt typischerweise die **Effizienz** zu, d.h., die Kosten sinken, die Abläufe werden vereinfacht, die Prozesse beschleunigt und man gewinnt unglaublich viel Zeit im Vergleich zu der Notwendigkeit weltweiter Abstimmungsprozesse. Gleichzeitig wird die **Effektivität**, d.h. also die Wirksamkeit auf den Märkten in dem Maße abnehmen, in dem auf nationale Besonderheiten, unterschiedliches Verbraucherverhalten etc. zu wenig oder keinerlei Rücksicht genommen wird. Vor dem optimalen Punkt „P'opt" ist es also sinnvoll, weiter zu standardisieren, da hier die Gewinne aus Standardisierung die Verluste am Markt überkompensieren. Umgekehrt ist es nach dem „P'opt“, denn in diesem Bereich verliert man am Markt mehr als man mit zunehmender Standarisierung gewinnen würde.

Man könnte diesen Zusammenhang auch als das

„Gesetz des internationalen Marketing“

bezeichnen, denn in einer solchen oder ähnlichen Form werden sich ganz generell die Kosten, Erlöse und Gewinne im Zuge der internationalen Standardisierung von Produkten, Dienstleistungen, Werbung, Prozessen etc. verhalten.

Zwischen Standardisierung und Differenzierung besteht also ein **„trade-off“**, wobei es wohl nur in der Theorie möglich ist, diese Zusammenhänge eindeutig zu kennzeichnen. In der Praxis wird man sich dabei auf die eigenen Erfahrungen und Marktkenntnisse und oft genug auf das „Bauchgefühl“ verlassen müssen und versuchen, sich im Sinne des „trial and error“ dem optimalen Verhältnis zwischen Standardisierung und Differenzierung anzunähern. Das Problem dabei ist, dass man die **Effizienzgewinne** zwar sehr genau **berechnen**, die **Effektivitätsverluste** jedoch nur **schätzen** kann, da die Reaktionen des Marktes auf Marketing-Entscheidungen kaum eindeutig zu prognostizieren sind.

Die „Faustregel“ für den optimalen Punkt zwischen Standardisierung und Differenzierung lautet somit:

„So viel wie möglich standardisieren und so wenig wie möglich differenzieren“.

Dies ist genau die Politik der **transnationalen Strategie**, die versucht, **„the best of all“** zu erreichen: Einerseits möglichst viele Vorteile aus einer Standardisierung erzielen, andererseits aber so stark differenzieren, dass die insgesamt aus dieser Strategie resultierenden Vorteile größer sind als die damit verbundenen Nachteile.

Gewiss sind die Voraussetzungen für derartige „trade-off“- Effekte für die einzelnen Unternehmen unterschiedlich. Es gibt sogar Unternehmen, deren Markterfolge gerade darauf beruhen, dass sie auf solche Abwägungen verzichten und überall auf der Welt ganz bewusst dieselben, rein standardisierten Produkte anbieten: **McDonald's** und **Coca-Cola** sind u.a. gerade deshalb so groß geworden, weil man ihre Produkte überall auf der Welt in (nahezu) identischer Qualität und in standardisierter Form (Flasche, Werbung etc.) angeboten bekommt. Aber auch bei derartigen ethnozentrischen oder geozentrischen Strategien werden die standardisierten Produkte im Laufe der Zeit gern ergänzt durch länderspezifische, d.h. differenzierte Produkte, um sich noch besser an die örtlichen Verbraucherpräferenzen anzunähern und zusätzliche örtliche Wachstumspotenziale zu erschließen. Oder stellt man als Softdrink-Hersteller beispielsweise fest, dass die Verbraucher in einigen Ländern einen anderen Geschmack bevorzugen, dann füllt man einfach mehr oder weniger Zucker bzw. andere Zutaten in die Flaschen, ohne dies eigens hervorzuheben. Oder man verändert minimal den Geschmack einer Zigarette, wie dies auch bei der im übrigen völlig standardisierten **Marlboro**-Zigarette der Fall sein soll, ohne dass darunter der Nimbus einer „Weltmarke" zu leiden hat.

7.2 Internationale Kosten

Oft sind Unternehmen schlichtweg gezwungen, ihre Angebote in einzelnen Ländern zu differenzieren, beispielsweise aufgrund völlig unterschiedlicher Kosten- und Einkommensstrukturen. Dabei stechen die **Lohnkosten** besonders ins Visier, die international eine derart große Bandbreite aufweisen, dass man annehmen müsste, jegliche Produktion müsse letztlich nur noch dort erfolgen, wo die Löhne am niedrigsten sind.

Genau dies war in den Anfangsjahren der Globalisierung fast täglich in den Zeitungen zu lesen: Ganze Branchen (Pionier dafür war schon vor Jahrzehnten die Textilindustrie) verlagerten sukzessive ihre Produktionsstätten ins Ausland (**„off-shoring"**) oder vergaben Teile davon an billigere Fremdfirmen, die zumeist ebenfalls im Ausland beheimatet waren (**„outsourcing"**). Wurden diese ausländischen Sub-Unternehmer im Lauf der Jahre aufgrund steigender Löhne zu teuer, „zog die Karawane einfach weiter", die Maschinen wurden abgebaut und weiter im Osten wieder aufgebaut, wo die Herstellkosten (noch) billiger waren.

Inzwischen ist die Öffentlichkeit im Inland auf die mit derartigen Werks-Schließungen oder -Verlagerungen verbundenen Folgen für die heimischen Beschäftigung (Massenentlassungen) derart sensibilisiert, dass bloße Spekulationen darüber oder nur theoretische Berechnungen von Werks-Verlagerungen bereits zu lautstarken Protesten, zu Demonstrationen, Streiks und Werksbesetzungen führen. Diese sind gelegentlich sogar erfolgreich, zumeist aber verbunden mit massiven Zugeständnissen der Mitarbeiter zugunsten niedrigerer Lohnkosten wie z.B. durch Lohnkürzungen, flexibleren Personaleinsatz, Einsatz von Leiharbeitern etc.. Gelegentlich nimmt dabei auch die Marke selbst gravierenden Schaden, wie im Falle von **NOKIA** zu unterstellen ist, als vor wenigen Jahren das deutsche Werk geschlossen und in Rumänien wieder aufgebaut wurde. Neben dem Verpassen der technologischen Entwicklung bei Handys hin zu Smartphones war dies in Deutschland gewiss ein weiterer Grund für Marktanteils-Rückgänge dieses Unternehmens.

Vergleiche internationaler **Arbeitskosten** werden jedes Jahr publiziert, besonders innerhalb der EU, in der man bei (langfristig) geplanter Angleichung der Lebensverhältnisse und weitgehend einheitlicher Währung eigentlich davon ausgehen müsste, dass zumindest in diesem Wirtschaftsraum derartige Unterschiede irgendwann einmal egalisiert oder zumindest erheblich geringer werden. Das passiert, wenn überhaupt, allerdings nur sehr langsam, die Schere zwischen den armen, sprich: Lohnkostenminimalen Ländern wie Rumänien, Bulgarien und Ungarn (unter € 10,- pro Stunde) und den teuersten Ländern (wie Dänemark, Schweden, Deutschland mit über € 30,-) geht nach wie vor weit auseinander, zum Teil nimmt sie sogar wieder zu. Deutschland liegt u.a. dank der „Agenda 2010“ und der damit verbundenen reduzierten Tariflohn- und Sozialkostenentwicklung inzwischen nicht mehr an der Spitze der Hochlohnländer: 2012 landete es mit € 31,10 in der EU nur noch auf dem 8. Platz (rike. Arbeitskosten in Deutschland überdurchschnittlich gestiegen, FAZ 3.12.2013). Inzwischen steigen die Arbeitskosten in Deutschland wieder stärker als in den übrigen Staaten der EU, vermutlich auch deshalb, weil man dadurch dem internationalen Druck auf eine stärkere Binnenkonjunktur und auf einen Abbau der Leistungsbilanz-Überschüsse Rechnung tragen will (jpen., Trendwende zu höheren Arbeitskosten in Deutschland, FAZ 13.5.2014).

Es sind nicht nur die **Brutto**-Löhne, die unterschiedlich sind, sondern auch die den Löhnen hinzuzurechnenden **Sozialabgaben** für die Renten-, Arbeitslosen-, Unfall- und Krankenversicherung. Dieser Aufschlag betrug 2010 in Deutschland rund 30% des Bruttolohnes. Aber damit nicht genug: Rechnet man die Kosten für die so genannten „unproduktiven Stunden" wie bezahlter Urlaub, Krankheit, Schulungen hinzu, liegen die tatsächlichen Arbeitskosten oft doppelt so hoch wie die Bruttolöhne. Von den o. a. € 31,10 erhalten die Arbeitnehmer nach Abzug der von ihnen zu bezahlenden Sozialversicherung und Steuern **netto** aber höchstens ein Drittel ausbezahlt, ein Grund übrigens, warum auch in Deutschland der Anteil der **„Schwarzarbeit"** unverändert hoch ist: Zu den o.a. € 31,10 kommen bei Auftragsvergabe an einen ordentlichen Handwerksbetrieb oft über € 50,- pro Arbeitsstunde zusammen, „ohne Rechnung" zahlt der Auftraggeber an einen Schwarzarbeiter vielleicht nur € 15,- oder € 20,- „cash" pro Stunde. Gleichzeitig erhält dieser fast 50% oder gar 100% mehr „auf die Hand", als wenn er seine Arbeit legal erledigt und versteuert hätte. Eine klassische „win-win-Situation" somit für beide Partner, wenn man das Risiko einer Steuerhinterziehung oder eines Sozialversicherungsbetrugs eingeht.

Aber nicht nur die Lohnkosten sind international unterschiedlich, sondern auch die **Produktivitäten**, ein Sachverhalt, der es der deutschen Industrie lange Zeit ermöglicht hat und zum Teil immer noch ermöglicht, deutlich höhere Arbeitskosten durch höhere Produktivitäten zu kompensieren. Der wesentliche Unterschied ist bei den **Mitarbeitern** zu finden, denn alle übrigen Rahmenbedingungen wie Organisation, Maschinenausstattung etc. könnten überall auf der Welt eingesetzt werden. Im Vergleich zu vielen anderen Ländern ist der typische deutsche Mitarbeiter zwar besser bezahlt und sozial besser abgesichert, zumeist eben auch besser ausgebildet und stärker motiviert, sein Bestes zu geben und immer wieder Neuerungen zu erfinden. Lohnkosten und Produktivitäten zusammen ergeben die tatsächlichen Kosten, und diese sind in Deutschland für viele Produkte nach wie vor recht günstig.

Aber nicht nur die Arbeitskosten sind international unterschiedlich. Zu Buche schlagen auch die Kosten für **Energie**, für die Einhaltung von **Sicherheits-** und **Umweltstandards** sowie für die benötigte **Infrastruktur**. Nicht zu vergessen sind die **administrativen Kosten** wie Steuern und Abgaben, wobei es einen wundert, dass in den **EU**-Verträgen bei allem Vereinheitlichungs- und Regulierungswahn (Beispiel: Krümmungsgrad der Gurken, Flaschenvorschrift beim Olivenöl etc.) die Harmonisierung von Steuern explizit ausgeschlossen ist, obwohl doch gerade auch diese Kosten die Wettbewerbsfähigkeit in den verschiedenen Ländern massiv beeinflussen und Kostenunterschiede erzeugen, die man andererseits nur allzu gern verhindern würde. Inzwischen scheinen jedoch immer mehr Verantwortliche zu erkennen, dass sich die **EU** diesbezüglich in einer **Schieflage** befindet: Unwichtige, ja nebensächliche Probleme werden mit Akribie vereinheitlicht, wichtige Dinge (wie die Zusammenlegung des Militärs, die Vereinheitlichung von Steuern, die Energiepolitik, ja sogar die Festlegung einheitlicher Sperrklauseln für die Europawahl) bleiben jedoch nach wie vor der nationalen Entscheidungs-Hoheit vorbehalten. Dies muss sich auf Dauer ändern, wenn der europäische Einigungsprozess weitergehen und nicht zum Stillstand kommen soll.

Exkurs: Warum kostet ein T-Shirt bei H&M nur € 4,95?

Nach einer Recherche der Zeitschrift „Die Zeit" (Uchatius, Das Welthemd, Die Zeit 16.12.2010) entfallen auf den Endverbraucherpreis von € 4,95 für ein T-Shirt bei Hennes & Mauritz gerade einmal € -,95 auf die Produktion (Zuschneiden, Nähen, Färben, etc.) und € -,40 auf den Baumwollstoff, insgesamt somit nur € 1,35 für die Herstellung. Auf die Handelsspanne entfallen ganze € 2,15, während der Transport € -,06 kostet und die Mehrwertsteuer € -,75 beträgt.

Die reinen Lohnkosten für die zumeist minderjährigen Näherinnen, die in Ländern wie Bangladesch unter oft menschenunwürdigen Bedingungen arbeiten müssen, machen somit nur einen Bruchteil des gesamten Preises aus, was kein Wunder ist, bedenkt man, dass diese Frauen bei zumeist 6 – 7 Tagen Arbeit pro Woche und 14 – 16 Stunden pro Tag allenfalls ca. € 30,- pro Monat (!) verdienen. Nachdem im Frühsommer 2013 beim Einsturz eines maroden Fabrikgebäudes über 1.000 derartige Mitarbeiter ums Leben kamen, war die Empörung in der westlichen Welt über diese Art von Ausbeutung groß, der Absatzrückgang billigster Textilien hingegen eher klein. Inzwischen regt sich aber auch im Herstellungsland selbst der Widerstand der betroffenen Mitarbeiter gegen diese Art der Ausbeutung.

In der Tat ist es zwar ein Skandal, dass die vermögenderen Konsumenten in den Industrieländern sich durch den Kauf derartiger Textilien quasi zu Lasten der Ärmsten in der Welt „bereichern", aber das Dilemma ist, dass, täten sie es nicht, es Teilen der Bevölkerung in diesen Ländern vermutlich noch schlechter ginge. Als vor einigen Jahren Adidas seine Fußballproduktion aus einem derartigen

Niedriglohnland verlagerte, weil dem Unternehmen vorgeworfen wurde, es beschäftige Kinder beim Nähen dieser Produkte, endeten viele der arbeitslos gewordenen Mädchen anschließend in der Prostitution, um weiterhin ihre Familien ernähren zu können.

Die Lösung diese Problems ist also nicht ganz einfach, wie überhaupt es nahezu unmöglich erscheint, trotz – oder wegen – der Globalisierung zu einer „gerechteren Verteilung der Einkommen" auf der Welt zu kommen. Dies ist ja schon in den gut entwickelten Ländern des „Nordens" kaum möglich, wie sollte es dann in den ärmeren Ländern des „Südens" funktionieren?

Schließlich spielen auch die **Logistik**-Kosten international eine große Rolle, denn es macht natürlich einen (Kosten-)Unterschied, wie weit die Produktionsstätten von den Orten des Verkaufs entfernt sind und welche Umwelt-Vorschriften beim Transport eingehalten werden müssen (Vgl. Läsker, Saubere Schiffe, SZ 24.3.2014). Dabei ist interessant festzustellen, dass die Logistikkosten – auch beim Transport von oder nach weit entfernten Regionen – im Vergleich zu den übrigen Kosten eines international hergestellten und vertriebenen Produkts nach wie vor verschwindend gering sind. Dies wurde bei der Diskussion über die Globalisierung bisher kaum berücksichtigt, obwohl gerade diese Kosten für das Ausmaß und die Entwicklung der internationalen Arbeitsteilung nicht unmaßgeblich sind.

Wären die Logistikkosten z.B. deutlich höher, würden viele Auslagerungen von Produktionen ins billigere Ausland unrentabel mit der Folge, dass diese wieder ins Inland heimgeholt werden müssten. Die Konsequenz wäre dann zwar ein Abbau von Arbeitsplätzen im Ausland, gleichzeitig aber auch ein Anstieg der Beschäftigung im Inland, ein Zusammenhang, der eigentlich die örtlichen Gewerkschaften auf den Plan rufen müsste mit entsprechenden Forderungen nach höheren Transportkosten. Benachteiligt wären dann natürlich die Billiglohn-Länder sowie die Industrie selbst, da sich die Kosten für ihre Produkte erhöhen würden, allerdings, und das würde helfen, im selben Maße wie für die beteiligten Wettbewerber.

Es bleibt abzuwarten, wie sich in Folge einer in Zukunft eventuell zu erwartenden Erhöhung der Rohölpreise die Preise für Treibstoffe entwickeln werden, und welche Konsequenzen dies für die weitere Globalisierung haben wird. Jedenfalls wäre es auch volkswirtschaftlich betrachtet höchst interessant, diesen

„trade off" zwischen **Logistikkosten** und **Arbeitsplätzen** genauer unter die Lupe zu nehmen.

Derzeit sieht es eher umgekehrt aus: Die Preise für Containertransporte sinken wegen des Überangebots an Ladungskapazitäten, auch wenn die Preise für Rohöl steigen. Dies hat u.a. dazu geführt, dass die Containerschiffe nunmehr langsamer fahren, um Treibstoff zu sparen, was im übrigen auch bei wieder gesunkenen Treibstoffkosten beibehalten wurde: Man fährt heute lieber einige Tage länger um den Globus und dafür mit niedrigeren Kosten.

Was die Schnelligkeit der Übersee-Transporte anlangt, ist es der Firma **Apple** 2013 gelungen, die Zeit für den Transport ihres neuen „iPhones 5s" vom Werk in Shenzhen (China) über Hongkong und Dubai bis hin zum Endverbraucher in Deutschland auf nur noch 2 Tage (!) zu verringern (Kno., Eiliges iPhone sucht seinen Käufer, FAZ 9.10.2013). Die Grenzen der weltweiten physischen Distribution von Gütern, was Kosten und Zeiten anlangt, scheinen in immer weitere Ferne zu rücken mit der voraussichtlichen Folge, dass der internationale Warenaustausch in Zukunft eher weiter wachsen als schrumpfen wird. In diesem Sinne wird die Welt wirklich zu einem „Dorf".

7.3 Internationale Preise

Unterschiedliche Löhne und sonstige standortspezifische Kosten spielen natürlich auch in der internationalen Preispolitik eine große Rolle. Entsprechende Preisvergleiche zeigen dementsprechend große Unterschiede zwischen den in einzelnen Ländern erzielten Preisen, selbst für ein und dasselbe – standardisierte – Produkt. Dies ist beispielsweise der EU-Kommission besonders bei Automobilen ein Dorn im Auge, verbindet man mit einer solchen Freihandelszone doch die Erwartung, dass sich die Angebote in Qualität und Preis auf Dauer kaum noch voneinander unterscheiden. Natürlich sind die internationalen Konzerne zunehmend bemüht, die Preisunterschiede für identische Produkte, wenn auch nicht auf Null, so doch allenfalls innerhalb gewisser Bandbreiten oder **Korridore** festzusetzen. Ganz auf Null werden sie sich so lange nicht reduzieren lassen, so lange auch die **Mehrwertsteuersätze** in den EU-Ländern unterschiedlich sind.

Ein Treiber für eine verstärkte Preisharmonisierung ist u.a. das Internet, das mit entsprechenden Foren eine leicht zugängliche Möglichkeit geschaffen hat, internationale Preisvergleiche durchzuführen mit der Folge, dass Kunden bei freiem Warenaustausch animiert werden, die Produkte dort zu kaufen, wo sie am billigsten sind, u.U. also im Ausland. Internethändler wie **Amazon** tragen das Ihrige zu einer Vereinheitlichung der Preise bei, wobei erst recht spät erkannt wurde, dass diese Firma immer nur einen einheitlichen (niedrigen) Mehrwertsteuersatz berechnete, und zwar des Landes, in dem die Ware berechnet wurde, nämlich Luxemburg. In Zukunft müssen laut höchstrichterlicher Entscheidung die Umsatzsteuern des Landes angesetzt werden, in dem der Kunde wohnt – was die internationalen Preisdifferenzen und die Komplexität der administrativen Abwicklung natürlich wieder erhöht.

Auch Privat-Initiativen haben den Druck auf eine Preisharmonisierung verstärkt, wie beispielsweise die des Gründers der **Denner**-Discount-Märkte in der Schweiz, der 2001 in einer ganzseitigen Anzeige die riesigen Preisunterschiede für Arzneimittel zwischen der Schweiz und Deutschland, Italien, Frankreich und Belgien anprangerte und als Headline formulierte: *„Gibt es für Sie einen vernünftigen Grund, weshalb Voltaren in der Schweiz 58% mehr kostet als in Italien?“* (Neue Züricher Zeitung, 11./12. 2. 2001).

Über die internationale Preispolitik von **Arzneimitteln** ist weltweit schon seit längerem eine heftige Diskussion entbrannt. Der Vorwurf lautet, dass deren (hohe) Preise, die in den entwickelten Staaten gefordert werden (können), den Absatz dieser Produkte in den Entwicklungsländern hemmen und den dortigen Einwohnern den Zugang zu wichtigen Heilmitteln verwehren. Gern würden die Pharmafirmen vermutlich diesem Druck entgegenkommen, wäre da nicht das Problem von **Re-Importen** dieser Arzneimittel in die Industrieländer. Durch veränderte Rezepturen, unterschiedliche Produktmarken oder länderspezifische Abpackungen gelingt es den Arzneimittelfirmen aber zunehmend, dieser Kritik die Spitze zu nehmen und vergleichbare Produkte sowohl teuer (in den Industrieländern) als auch billig (in den Entwicklungsländern) zu verkaufen, ohne Re-Importe befürchten zu müssen.

Die internationale **Preisharmonisierung** ist, insbesondere wenn die Preise aus historischen Gründen örtlich stark voneinander abweichen, ein recht mühsamer Prozess. Man hat dabei die Wahl,

- die niedrigeren Preise an die **höheren Preise**, oder aber
- die höheren an die **niedrigeren Preise** anzupassen, oder aber
- sich **von beiden Seiten** anzunähern, nämlich die hohen Preise zu senken und die niedrigen Preise zu erhöhen.

Alle diese Harmonisierungs-Versuche sind mit gewissen **Risiken** verbunden: Werden in einem Land die Preise zu sehr angehoben, leidet darunter vermutlich die Nachfrage. Umgekehrt erhöht sich voraussichtlich zwar die Nachfrage, wenn man die Preise senkt. Die Frage ist dann nur, wie sich diese Preissenkungen auf die Rentabilität auswirken. Eine Kernregel der Preispolitik ist doch, dass Preissenkungen nur durch Mengensteigerungen zu kompensieren sind, die ein Vielfaches des Preis-Reduktionssatzes ausmachen.

Für **neue,** international identisch angebotene **Produkte** bietet sich an, von vorneherein einheitliche – oder wenigstens nur minimal unterschiedliche – Preise festzulegen, so wie dies bei der Einführung des neuen **Porsche** Cayenne geschehen sein soll. Dies betrifft natürlich nur den Preis ohne Mehrwertsteuer, die, wie beschrieben, in vielen Ländern nach wie vor unterschiedlich ist, zum Beispiel in Dänemark 25% beträgt, in Luxemburg aber nur 15%.

Generell ist es ratsam, bei allen Preisvergleichen, insbesondere aber bei den international geforderten Preise, zu klären, welche Preise im Einzelfall verglichen werden, denn davon gibt es eine ganz Reihe, nämlich:

- **Brutto-Endverbraucherpreis** (EVP) inklusive oder vor Mehrwertsteuer
- abzüglich (Sonder-)Rabatte = **Netto-Endverbraucherpreis** inkl. oder vor MWSt. („Aktionspreis")
- Brutto- oder Netto- **Großhandels**-Abgabe-**Preis** inkl. oder vor MWSt.
- Brutto- oder Netto-**Hersteller**-Abgabe-(**Listen**-)**Preis** inkl. oder vor MWSt.
- abzüglich Skonto oder Zahlungsbedingungen = **Barpreis**

- abzüglich Export-Kosten wie Zoll, Verschiffung sowie Währungs-Umrechnung etc. (**„ex factory"-Preis**).

Am aussagefähigsten für internationale Preisvergleiche sind einerseits nur die Preise, die ein Lieferant für das Produkt de facto erhält, wenn es sein Werk verlässt (**„ex factory"**), andererseits die Preise, die die Verbraucher letztlich inklusive aller Steuern und Abgaben und abzüglich aller Rabatte zu zahlen haben (**„Netto-Endverbraucherpreis"**).

Bei derartigen Preisvergleichen kommt die Schwierigkeit hinzu, dass Preise oft schwanken und von den Anbietern von heute auf morgen – oder gar von einer Sekunde zur anderen – verändert werden können. Dies ist insbesondere der Effekt der Internet-Preisvergleiche, bei denen die zu teuren Anbieter sofort reagieren und ihr Angebot sozusagen „per Mausklick" korrigieren können, so wie dies nach der Einführung einer „Tank-App" durch die Deutsche Bundesregierung inzwischen bei den Benzinpreisen geschieht. Ob in deren Folge, wie erhofft, die Benzinpreise sinken werden, ist allerdings zweifelhaft: Erste Erfahrungen deuten eher das Gegenteil an, was in diesem intransparenten Markt aber ohnehin schwer auszumachen sein wird.

Es wird auch in Zukunft – nicht nur weltweit, sondern übrigens auch national –, unterschiedliche Preise geben, die, wenn überhaupt, aufgrund unterschiedlicher **Nebenleistungen** (wie Garantie, Service, Platzvorteil etc.) oder gelegentlich auch dank vorhandener oder erzeugter Intransparenz zu verwirklichen oder zu rechtfertigen sind. Die Markt- und Preistransparenz ist nach wie vor – und wird dies auch in Zukunft nicht sein – nicht so „vollständig", wie dies beispielsweise für das Funktionieren volkswirtschaftlicher Angebots- und Nachfragemodelle notwendig wäre.

Dies hat aber einige Wissenschaftler nicht daran gehindert, aus den unterschiedlichen Preisen für den (weltweit standardisierten) „Big Mac" von **McDonald's** abzuleiten, inwieweit eine **Landeswährung** unter- oder überbewertet ist (**„Big Mac-Index"**). Liegen in einem Land diese – auf US-Dollar umgerechneten – Preise unter dem Preis, der in den USA dafür verlangt wird, ist nach diesem Theorem die dortige Währung unterbewertet und vice versa: Liegen sie darüber, soll die Währung angeblich überbewertet sein. Allerdings steht diese

Annahme durchaus auf wackligen Beinen, hängt jegliche Preisbildung, auch die des Big Macs von McDonald's, doch auch ab von

- den örtlichen **Wettbewerbs**verhältnissen,
- der Höhe und Dynamik der **Nachfrage** nach derartigen Produkten,
- der jeweiligen **Kaufkraft** der potenziellen Kunden,
- den örtlichen **Kosten** für die Produktion und den Vertrieb,
- den Umsatz**steuern**,
- und von vielen **weiteren Faktoren** wie Verkaufszyklen, saisonalen Sonder-Angeboten etc..

Zusammenfassung

Die internationale Preispolitik ist inzwischen weitgehend auf die Globalisierung eingestellt, die örtlichen Preise schwanken zumeist nur noch innerhalb eines kleinen **Korridors**, der auch durch die jeweiligen Mehrwertsteuersätze bedingt ist. Es gibt nur noch in Ausnahmefällen unerwünschte preisbedingte Mengenverschiebungen oder **Re-Importe** von einem Land zum anderen. Eine Ausnahme stellt der Markt für Zigaretten dar, für die sogar innerhalb der EU derart unterschiedliche Tabaksteuern erhoben werden, dass sich dafür ein großer „schwarzer" oder „grauer" Markt entwickelt hat, in dem riesige Mengen von Zigaretten illegal zum Beispiel von Polen nach Irland verschifft werden.

Bei der im übrigen recht positiven Bilanz preisbedingter Friktionen spielt auch eine Rolle, dass das Floaten von **Währungen**, das noch vor Jahrzehnten zu kräftigen Verwerfungen im Absatz und zu laufenden Preiskorrekturen geführt hat, inzwischen nur noch in wenigen Ländern und auch dort zumeist nur noch in geringen Ausmaßen stattfindet. Eine Ausnahme von dieser Regel sind Länder mit einer hohen oder gar „Hyperinflation", in denen die Verkaufspreise fast täglich verändert werden müssen, eine Kunst im übrigen, die nicht jede internationale Firma gleichermaßen beherrscht, was zu erheblichen Verlusten in diesen Ländern führen kann. Auch ist zu berücksichtigen, dass es eine ganze Reihe von Maßnahmen gibt, die es ermöglichen, erwünschte Preisdifferenzen aufrecht zu erhalten und die das Angebot selbst zum Inhalt haben. Darüber soll im Folgenden berichtet werden.

7.4 Internationale Produkte

Nicht selten wird es vorkommen, dass ein Hersteller für sein Produkt in verschiedenen Ländern unterschiedliche Preise durchsetzen will oder muss, sei es, um die dortige Konkurrenz besser bekämpfen zu können, sei es, um sich rascher einen neuen Markt zu erschließen, oder sei es, weil das Einkommen der potenziellen Verbraucher in diesen Märkten unterdurchschnittlich ist und die Nachfrage mit billigeren Preise angekurbelt werden soll. Um dies zu ereichen, verfügen die Hersteller über eine ganze Reihe von Möglichkeiten.

So sind aktuell beispielsweise die Bemühungen internationaler Konsumgüterkonzerne wie **Procter & Gamble, Danone** oder **Unilever** zu beobachten, in Krisenländern wie Griechenland, Portugal, Spanien oder Italien billigere Varianten ihrer bekannten Markenartikel anzubieten, was ja nicht ganz unproblematisch ist, will man gleichzeitig in den besser situierten Märkten höhere Preise beibehalten. Auch **Nestlé** hat angekündigt, in Südeuropa mehr Produkte zu billigeren Einstiegspreisen anzubieten (geg., Schwächelndes Europa wirft Nestlé nicht aus der Bahn, FAZ 19.4.2013). Das kann entweder durch kleinere **Packungsgrößen** geschehen (in Entwicklungsländern werden Zigaretten oft nur stückweise angeboten), oder aber durch abgespeckte **Varianten**, die – wie zum Beispiel Waschmittel – zwar einen ähnlichen Grundnutzen bieten wie die anspruchsvolleren und teureren Produkte, aber nicht direkt vergleichbar sind und die billigeren Preise in den Krisenländern rechtfertigen.

Auch Vertreter der deutschen Automobilindustrie, die sich bislang auf höherwertige Pkws fokussiert haben, denken inzwischen über **„Billigautos“** nach, die weniger als € 8.000 kosten: *„2018 wird der Weltmarkt für Billigautos fast so groß sein wie der gesamte europäische Automarkt“*, sagte der **VW**-Manager Hans **Demant** in einem Gespräch mit der FAZ am Rande der Internationalen Automobil Ausstellung **IAA** 2013 in Frankfurt (Rittner, Volkswagen bastelt am Billigauto, FAZ, 16.9.2013). Empfehlenswert wäre allerdings, statt des eher diskriminierenden Begriffs „Billigauto“ einen positiver besetzten Namen für diese – nicht nur in Entwicklungsländern – interessante Produkt- bzw. Preiskategorie zu finden. Inzwischen spricht daher auch **Volkswagen** statt vom Billigauto lieber vom „Budget Car“ (Ritter/Ruhkamp, Volkswagen wagt sich an das Billigauto, FAZ 24.3.2014).

Da in den armen Ländern nicht nur große Einkommensunterschiede bestehen, sondern oft auch völlig andere **klimatische** Bedingungen und **Distributionskanäle** vorhanden sind, kommen globale Unternehmen auf Dauer ohnehin nicht daran vorbei, für viele dieser Länder spezifische und möglichst einfache Produkte anzubieten („Gut-genug-Produkte"). So sind die Telefon-Gesellschaften in diesen Ländern bereits dazu übergegangen, einfachste Handys anzubieten, die mit billigen Pre-Paid-Tarifen die Bedürfnisse der dortigen Menschen besser befriedigen als komplizierte Geräte und langfristige Verträge, die oft doch nicht bedient oder eingehalten werden können.

Zur Differenzierung der Verkaufspreise können neben der **Produktsubstanz** und andersartigen **Verpackungen** auch begleitende **Service**- oder Garantieleistungen variiert werden, wenn man nicht den Schritt gehen will, diese Produkte letztlich nur **psychologisch** zu **differenzieren** und unter verschiedenen Namen bzw. **Marken** anzubieten. Diese Politik ist in der Automobilindustrie unter dem Namen **„Plattformstrategie"** oder **„modularer Quer-Baukasten"** (MQB) bekannt: So bietet Volkswagen unter den Marken **VW**, **Audi**, **Skoda** und **Seat** durchaus vergleichbare Autos an, die sich – bei identischer Plattform – in ihrer Qualität nur sehr begrenzt unterscheiden, wohl aber in ihrer äußeren Erscheinung (Karosserie etc.). Dank unterschiedlicher Marken mit unterschiedlichen Positionierungen am Markt können diese auch zu unterschiedlichen Preisen angeboten werden: Skoda ist die preiswerte, Audi die teure Variante. Bei einer solchen Strategie muss man nur aufpassen, dass die billigeren Produkte nicht zu attraktiv erscheinen, wie dies inzwischen bei **Skoda** der Fall zu sein scheint (o.V., Der Königsmörder, Autobild 8.2.2013). Insgesamt ist diese Plattform- und Markenstrategie von Volkswagen weltweit aber so erfolgreich, dass sich dieses Unternehmen seit Jahren einen Wettstreit mit **General Motors** und **Toyota** um den **„Platz 1 weltweit"** leisten kann. Denn insgesamt kann der weltweite Markt mit diesen vier unterschiedlich positionierten Marken zu unterschiedlichen Preisen offensichtlich erheblich besser ausgeschöpft werden als mit nur einer Marke zu vergleichbaren und damit nahezu identischen Preisen.

Ob es sich bei einer **Produktdifferenzierung** um eine tatsächliche, qualitativ feststellbare handelt oder „nur" um eine psychologisch unterschiedliche Positionierung: Letztlich geht es bei der Frage der international Produktpolitik um die Grundfrage, mit welcher Strategie die eigenen Ziele am besten erreicht und international die besten Ergebnisse erzielt werden können. Auch hier gilt das Gesetz des internationalen Marketing: „So viel Standardisierung wie möglich, so viel Differenzierung wie nötig".

Zusammenfassung

In diesem Kapitel wurde deutlich, warum in der amerikanischen Literatur das Thema „Standardisierung versus Differenzierung" zum eigentlichen Kernproblem internationaler Unternehmen und des internationalen Marketing erhoben wird. Auch wurde aufgezeigt, dass es relativ einfach ist, zwischen diesen beiden Extremen den für den jeweiligen Markt und das jeweilige Unternehmen besten Kompromiss zu finden. Damit könnten sich eigentlich auch die Gegner der Globalisierung zufrieden geben, die nur allzu gern unterstellen, im Zuge der Globalisierung würde letztlich „alles über einen Kamm geschert" und örtliche Besonderheiten würden „unter den Tisch fallen". Letztendlich entscheidet es der Verbraucher, ob er mehr mit einem standardisierten oder differenzierten Angebot zufrieden ist, ob er heimische oder importierte Produkte bevorzugt und ob die Entscheidungen eines Unternehmens in die eine oder andere Richtung mehr oder weniger Erfolg erzeugen.

8. Marke & Kommunikation

Was eine „Marke“ ist, wie sie gebildet werden kann und gepflegt werden muss und welche Bedeutung sie für den Absatz eines Produktes oder einer Dienstleistung wie auch für den Wert eines Unternehmens gleichermaßen hat oder haben kann, ist hinlänglich bekannt. Solche Fragen füllen ganze Bibliotheken und beschäftigen große Institute. Oft bekommt man beim Studium dieser Aktivitäten allerdings den Eindruck, dass eine Marke zum Selbstzweck mutiert, quasi zum „Kulturgut“ stilisiert wird und um ihrer selbst Willen erhalten werden muss: Dabei ist jede Marke doch nur „Mittel zum Zweck“, also ein absatzpolitisches Instrument, mittels dessen ein Unternehmen die Umsätze und Gewinne der unter dieser Marke firmierenden Produkte oder Dienste sichern und steigern will.

Marken ermöglichen, und das macht sie so wertvoll, auch in einem hart umkämpften Markt ein **Preispremium**, oft ein **Mengenpremium** oder gelegentlich **beides**. Voraussetzung dafür ist natürlich, dass solche Marken möglichst vielen Verbraucher bekannt und in deren Köpfen konkret und positiv verankert sind, denn nur dort, und nicht etwa in einem Vertragstext oder Statut, sind sie verortet.

Nicht nur für die Hersteller sind die Einführung und Pflege von Marken somit eine attraktive Absatzstrategie: Auch für die Kunden sind sie Orientierungs-Maßstab und Garant für eine stabile Qualität, und nicht zuletzt ziehen sie buchstäblich wie ein **Magnet** Mitarbeiter, Lieferanten und insbesondere den Kapitalmarkt an. Man darf daher unterstellen, dass die Inhaber von Marken auch international alles tun werden, um diese ertragreiche Positionierung nicht zu gefährden, so dass das Vertrauen in die Qualität derartiger Produkte und deren zumeist höheren Verkaufspreise regelmäßig gerechtfertigt sind. Denn ein hoher Markenwert kann rasch abschmelzen, wenn bekannte Marken-Unternehmen, wo auch immer auf der Welt, in einen Skandal verwickelt sind und ihre Produkte in Folge von der Öffentlichkeit abgelehnt werden. Der Aufbau einer gut beleumundeten Marke ist zumeist sehr zeit- und geldaufwändig, deren Zerstörung hingegen kann innerhalb weniger Sekunden geschehen.

Da kaum vorstellbar und vermutlich äußerst unwirtschaftlich ist, wenn ein internationales Unternehmen in jedem Land der Welt unter einem anderen Firmennamen und mit unterschiedlichen Produkt-Marken auftritt, stellen sich im internationalen Marketing die Fragen, mit welchen Marketing-Strategien bzw. mit welchen Firmennamen, Produktmarken, Logos oder Slogans die weltweiten Märkte ausgeschöpft und die Ergebnisse optimiert werden können. Grundsätzlich werden die Markenhersteller natürlich bestrebt sein, ihre im Inland gut positionierten Marken auch im Ausland zu anzubieten. So führte Kasper Rorstedt, der Vorstandsvorsitzende von **Henkel**, kürzlich aus: *„ ...war **Persil** vor einigen Jahren noch eine weitgehend deutsche Marke, so ist sie heute in rund 50 Ländern der Erde präsent“* (B.K., Henkel will nichts verpassen, FAZ 22.2.2014).

Der Blick auf die weltweite Praxis der Internationalisierung von Marken offenbart dafür ganz unterschiedliche Strategien. Vieles hat sich im Zeitablauf mehr oder weniger zufällig und nicht selten quasi automatisch entwickelt, zum Beispiel, wenn man von einem Ursprungsland heraus sukzessive die Welt erobert und sich zu Beginn keinerlei Gedanken darüber gemacht hat, ob zum Beispiel der eigene Name (wie **IKEA**) denn nun in anderen Ländern und anderen Sprachen geeignet oder gut auszusprechen ist. Nur allzu gern wird in erfolgreiche Strategien im Nachhinein ein organisches und penibel geplantes Vorgehen hinein interpretiert. Dennoch gibt es inzwischen Grundmuster bei der Einführung und Pflege von internationalen Marken, die in den meisten internationalen Unternehmen gleichermaßen oder ähnlich angewandt werden.

8.1 Firmenname

In den frühen Zeiten der weltweiten Ausdehnung der Geschäftstätigkeit durch bloße Diversifizierung war es nicht ungewöhnlich, dass ein und derselbe Konzern in verschiedenen Ländern mit völlig unterschiedlichen Namen auftrat. Dies lag in erster Linie daran, dass man, um international rasch voranzukommen, gern ausländische Unternehmen aufkaufte, deren Geschäfte autonom weiterführte und allenfalls danach Schritt für Schritt auf ein gemeinsames Ziel hin optimierte. In erster Linie achtete man darauf, dass die geplanten weltweiten Gewinne eingefahren und die richtigen Investitionen vorgenommen wurden. Harold S. **Geneen**, der legendäre Vorstandsvorsitzende der damaligen „International Telephone and Telegraph Corporation“ (**ITT**), war bekannt dafür, dass er „seine“ weltweiten Unternehmen regelmäßig besuchte und auf dem Hinflug deren aktuellste betriebswirtschaftlichen Daten aufmerksam las. Von einer Vereinheitlichung der Sortimente oder gar von einer weltweiten Marketing-Strategie war damals ebenso wenig die Rede wie von einem einheitlichen Firmennamen.

Auch aus anderen Gründen gab es in der Nachkriegszeit unterschiedliche Firmennamen, zum Beispiel, wenn befürchtet wurde, dass ein deutscher Absender bei ausländischen Kunden negative Assoziationen hervorrufen könnte. Dies war bei **Dr. Oetker** der Fall, die ihre Niederlassung in Frankreich aus eben diesen Gründen **„Ancel“** und in Italien **„Cameo“** nannten. Damals konnte man noch voraussetzen, dass die wirklichen Eigentümer unter normalen Umständen einer breiten Öffentlichkeit unbekannt blieben. Auch spielten bei derartigen Überlegungen oft auch phonetische Probleme eine Rolle, denn manche Namen lassen sich in fremden Sprachen einfach schlecht aussprechen.

Gelegentlich gelang es sogar, der örtlichen Bevölkerung zu suggerieren, ein ihr gut bekanntes Unternehmen sei von heimischer Provenienz: So konnte das Unternehmen **Knorr** in Ländern wie der Schweiz, Österreich oder Deutschland jahrzehntelang den Eindruck aufrecht erhalten, es handele sich jeweils um ein einheimisches, also um ein schweizer, ein österreichisches oder ein deutsches Unternehmen, obwohl sie schon damals alle Filialen eines US-amerikanischen Konzerns waren. Inzwischen wird eher eine Strategie angewandt, zu der sich Hubert **Lienhard**, der Vorstandsvorsitzende des global aufgestellten württembergischen Familienkonzerns **Voith** bekannte: *„Wir wollen in Brasilien eine brasilianische Firma in deutschem Besitz sein. Und in China eine chinesische. Wir wollen überall, wo wir tätig sind, so tief verwurzelt sein wie in Deutschland“* (Dostert/Hägler, „Wer schmiert, fliegt. Punkt“, SZ 7.4.2014).

Man hat inzwischen auch erkannt, dass weltweit einheitliche Namen Vorteile haben und eine gewünschte Internationalität ausstrahlen, gleichgültig, ob ein Name in manchen Ländern fremd erscheint oder unterschiedlich ausgesprochen wird. Auch ließe sich heute kaum noch verheimlichen, welcher Eigner hinter einem noch so exotischen oder landestypischen Namen steckt. Insofern sind auch die mit schwer aussprechbaren Firmennamen verbundenen Überlegungen, den Verbrauchern das richtige Aussprechen des Namens beizuringen, hinfällig geworden. So hatte sich beispielsweise der südkoreanische Automobilhersteller **Dewoo** seinerzeit viel Mühe gemacht – und viel Geld in die Werbung gesteckt –, dass ihr exotischer Name auch richtig ausgesprochen wurde, nämlich als „Déju“. Vermutlich waren derartige Bemühungen ohnehin vergeblich, zumal man ja durchaus damit leben kann, dass ein Name – zumindest vorübergehend – „falsch“ ausgesprochen wird. Spätestens dann, wenn Rundfunk- oder Fernseh-Werbung betrieben wird, löst sich dieses Problem von selbst. Ob der nur schwer auszusprechende Name „Dewoo“ mit Schuld trug an den mangelhaften Erfolgen dieser Firma, ist reine Spekulation.

Anders sieht es aus, wenn man sich bei der Neugründung, zum Beispiel eines Internet-Unternehmens, überlegt, wie dessen Name lauten soll und welcher Name weltweit akzeptiert wird. Abgesehen davon, dass man dabei sorgfältig untersuchen muss, ob der präferierte Namen in verschiedenen Ländern noch frei verfügbar oder womöglich bereits belegt ist – auch die Verfügbarkeit von Internet-Domänen spielt dabei inzwischen eine große Rolle –, folgt man dabei gern internationalen Modetendenzen: Waren Anfang des letzten Jahrhunderts eher lateinische Namen wie **Concordia**, **Triumph** oder **Viktoria** „en vogue“, dominierten in den 70er Jahren Abkürzungen wie **ITT**, **CPC** oder **IBM**. Dem Trend zur stärkeren Nutzung der Telekommunikation entsprachen in den 80er Jahren Firmennamen, die das Kürzel „Tele“ integrierten (wie z.B. **Telekom**), während in den letzten Jahrzehnten wiederum Firmennamen in Mode kamen, die aus dem Lateinischen abgeleitet wurden (wie **Arcandor**, **Talanx**, **Ergo** oder **Novartis**).

Eine Anpassung an die Bedürfnisse der Globalisierung kann man in den Entscheidungen von Firmen mit deutschsprachigen Namen erkennen, die aus Umlauten einfache Vokale machten: So wurde aus Zürich-Versicherung die **„Zurich RE“** und aus Münchner Rückversicherung die **„Munich RE“**.

Bei der Akquisition ausländischer Firmen stellt sich das Problem, ob die Namen übernommener Unternehmen erhalten bleiben oder ob diese den Namen der übernehmenden Firma annehmen sollen. Auch dafür gibt es keine einfachen Regeln. Gelegentlich muten die gefundenen Lösungen eher als Ergebnis persönlicher Glaubens- oder Machtfragen an: Die einen entscheiden sich aufgrund ihrer persönlichen Präferenzen oder ihrer weltweit einheitlichen Strategie für nur einen – ihren – Namen, andere berücksichtigen stärker die mit einem übernommenen Namen verbundenen Werte und sind im Zweifelsfall bereit, den örtlich eingeführten und gut beleumundeten Namen zu erhalten, jedenfalls für einen mehr oder weniger langen Übergangszeitraum. Allenfalls wird in solchen Fällen im Sinne eines **„co-branding"** zusätzlich zum örtlichen Firmennamen der Name der internationalen Unternehmensgruppe hinzugefügt, wie z.B. bei Firmen wie **DKV**, **Hamburg-Mannheimer**, **DAS**, oder **Victoria**: Sie alle sind „Ein Unternehmen der **ERGO**-Gruppe".

Einfach sollte man es sich beim Wechsel eines seit Jahrzehnten bestens eingeführten Firmennamens jedoch nicht machen, denn natürlich sind in der Öffentlichkeit und besonders bei den Kunden damit zumeist viele Sympathien und Erfahrungen verbunden, die nicht unwesentlich zum gesamten Firmenwert beitragen. Dieser ist dann auf Null abzuschreiben, wenn der eingeführte Name in einen völlig neuen, womöglich bis dato unbekannten, abgeändert wird, so wie dies nach dem Verkauf von **Hoechst** an **Rhone-Poulenc** der Fall war. Die fusionierte Firma wurde **„Aventis"** genannt, und der gut beleumundete Name „Hoechst" verschwand, was – zu Recht – in der Öffentlichkeit heftig kritisiert wurde (Vgl. Burger, Mit Kunstnamen auf dem Weg in die Zukunft, FAZ 12.1.1999; Demuth, Inkognito, Manager Magazin 5/2000; Prüfer, Die unerträgliche Leichtigkeit des Scheins – Nonsensnamen verdrängen Marken, FTD 7.4.2000). Kurioserweise wurde der neue Name der nicht sonderlich erfolgreichen Firma Aventis kurze Zeit später, nach einer weiteren Fusion, erneut abgeändert, diesmal in **„Sanofi-Aventis"**, was darauf hinweist, dass bei Pharmafirmen dem Wert des Firmennamens eine geringere Bedeutung beigemessen wird als den Namen der von diesen Unternehmen vertriebenen Pharmazeutika. Auch vertraut man, nicht zu Unrecht, gern auf die „Macht des Faktischen", nachdem sich ein neuer Name, wie immer er auch heißt, ohnehin mittel- bis langfristig durchsetzt. Gern unterschätzt wird dabei aber die Emotion vieler Mitarbeiter, die sich ein langes Arbeitsleben lang für „ihr Unternehmen" eingesetzt haben und sich nun mit einer neuen Identität anfreunden müssen. Die Kunden reagieren auf derartige Namensänderungen eher gelassen, so lange die von diesen Firmen bezogenen Produkte weiterhin in derselben Qualität zum selben Preis bezogen werden können.

Möglicherweise waren dies die letzten „Gefechte" einer überholten, eher national ausgerichteten Wirtschaft. Inzwischen werden die aus der Internationalität an sich erwachsenden Vorteile so groß eingeschätzt, dass man dieses Kapital auch in allen Ländern nutzen will: **„One Brand for the World"** ist dabei das Motto. So ist auch die – nicht gerade billige – Entscheidung der **Allianz** zu verstehen, das neu erbaute Fußballstadion in München in „Allianz-Arena" benennen zu lassen, da man davon ausgehen konnte, dass viele der dort durchgeführten Fußballspiele weltweit verfolgt würden und so der Name „Allianz" auch in den Ländern Rang und Klang bekommen würde, in denen sich die Allianz-Filialen noch anders nannten. Inzwischen wurden auch Fußball-Stadien in London, Nizza, Sydney und Sao Paulo entsprechend umbenannt (Busse, Unheilige Allianz, SZ 13.2.2014). Irgendwann können dann alle Allianz-Niederlassungen in der Welt, die sich noch unterschiedlich nennen, ebenfalls unter dem einheitlichen Namen „Allianz" auftreten. Der Grundstock dafür wurde mit den genannten Fußballstadien jedenfalls erst einmal gelegt.

Kommt man schließlich zu der Entscheidung, bestehende Namen abzuändern und einen einheitlichen Namen weltweit durchzusetzen, ist man gut beraten, dies möglichst sensibel und womöglich schrittweise zu tun und die Namensänderung – und ihre Begründung – auch durch entsprechende Werbung publik zu machen. Als die Firma **„InterRent"** in **„Europcar"** umgewandelt wurde, warb sie dafür mit dem Slogan: *„Wir ändern unseren Namen. Sonst ändert sich nichts."* Oder als sich der Stahlkonzern **Mannesmann** verstärkt – und am Ende ausschließlich – mit der Telekommunikation beschäftigte, wurde der Firmenname von „D2 Mannesmann" über „D2 Vodafone" und „Vodafone D2" schließlich in **„Vodafone"** umbenannt.

Da mit der Einführung eines neuen oder veränderten Firmennamens erhebliche Aufwendungen für das Finden geeigneter Alternativen und das Bekanntmachen verbunden sind, prüft man inzwischen sehr genau, welche Namen dafür in Frage kommen, welche davon zu mangelhafter Akzeptanz oder zu unerwünschten Nebeneffekten führen können bzw. welche davon in einzelnen Ländern bereits besetzt sind. Oft werden für diese Aufgaben spezifische Agenturen engagiert, die mit Hilfe von Rechtsanwälten, Dolmetschern, Sprachwissenschaftlern, (Werbe-) Agenturen, Beratern etc. penibel untersuchen, welche Alternativen in Frage kommen und welche die angestrebten Ziele (wie Strategie- und Branchen-Fit, Wieder-Erkennbarkeit, Vermeidung von Verwechslungen, Sympathie etc.) am besten erfüllen (Weishaupt, Nomen est Omen auch nach der Fusion,

Handelsblatt 4.10.1999). So hat sich **Kraft Foods** bei der Abspaltung seiner Aktivitäten in den Bereichen Süßwaren und Snackprodukte nach Überprüfung einer Vielzahl von Alternativen auf den neuen Firmennamen **„Mondelez"** geeinigt und geht wohl davon aus, dass die darin enthaltenen Begriffe wie „Monde" (Welt) und „delicious" (lecker) ausreichend zur Geltung kommen (kön., In geheimer Mission im Markenuniversum, FAZ 22.4.2014). Obwohl in der Presse immer wieder Beispiele für missverständliche Firmen- oder Produktnamen zitiert werden (wie z.B. beim **Lada** „Nova", beim **Ford** „Probe" oder **Nissan** „Serena"): Die Verbraucher scheinen diese weniger zu irritieren. Die inzwischen gemachten guten Erfahrungen mit internationalen Namen bzw. Namenswechseln werden in Zukunft derartige Entscheidungen vermutlich eher erleichtern und beschleunigen.

8.2 Logo

Neben der Wahl eines geeigneten Firmennamens spielt im internationalen Marketing auch die Frage eines geeigneten internationalen Logos eine wichtige Rolle, d.h. die Wahl einer Wort- / Bild-Kombination, die als grafisches Symbol die weltweite Wieder-Erkennbarkeit eines Unternehmens gewährleisten soll. Dies ist besonders dann wichtig, wenn einzelne Filialen in manchen Ländern nach wie vor anders heißen, ihre Zugehörigkeit zu einer internationalen Gruppe aber mit einem einheitlichen Logo herausstellen wollen, oder wenn ein Standort schon aus großer Entfernung zu erkennen sein soll. So springt einem das „M" von **McDonald's** – inzwischen aus ökologischen Gründen (!) auf grünem Hintergrund – auch dann ins Auge, wenn man es beim Vorbeifahren im Auto nur kurz sehen kann, denn der Appetit auf einen Hamburger entsteht, wie diese Firma nur allzu gut weiß, häufig erst im letzten Moment, oder wenn es sich in einer Fußgängerzone gegen eine ganze Reihe weiterer Logos behaupten muss.

Um bei örtlich unterschiedlichen, weil (zu) gut eingeführten Marken zumindest eine „geistige Klammer" zu schaffen, wird zu den jeweiligen Namen gern ein international einheitliches Logo hinzugefügt, wie dies im Falle der Eiscreme von **Unilever** versucht wird. Diese heißen wegen ihres offenbar nach wie vor hohen Bekanntheitsgrades in verschiedenen Ländern **„Lusso"**, **„Langnese"**, **„Algida"**, **„Eskimo"** etc.. Alle aber sind mit einem einheitlichen Logo versehen, das an ein Herz erinnert. Stimmen die Hypothesen von einer zunehmenden Vereinheitlichung des öffentlichen Auftritts in der Welt (mit Firmennamen und Marken), dann ist auch hier zu erwarten, dass irgendwann einmal – vielleicht unter einer neuen Führung – auch all diese unterschiedlichen Markennamen vereinheitlicht werden – Zug um Zug, versteht sich!

Aber auch ein gut eingeführtes und international bekanntes Logo wird gelegentlich geändert, zum Beispiel, wenn es den verantwortlichen (oft: neuen) Managern „antiquiert" vorkommt, wenn man sich daran sozusagen „satt gesehen" hat, wenn man sich noch stärker „von Wettbewerbern unterscheiden" oder als besonders „innovativ" erscheinen möchte. Ein Beispiel dafür ist das Logo von **Südzucker**, das auch bei längerer oder wiederholter Betrachtung keinerlei Bezug zum angebotenen Produkt oder zur Firmenphilosophie erkennen lässt. Derartige **Veränderungen** oder derartige Logos stiften zwar zumeist keinen Schaden, denn auch hier gilt „die Macht des Faktischen": Ein Logo wird – ob es nun alt ist oder neu, ob es gelungen erscheint oder nicht – letztlich so bekannt, wie es eben aussieht oder verändert wurde. Doch muss man sich gelegentlich schon wundern, wenn mit der Einführung eines neuen Logos Ziele wie „moderner", „sympathischer", „strategischer" etc. hineininterpretiert werden, Eigenschaften somit, die sich einem Außenstehenden „auf den ersten Blick" kaum erschließen.

Gleichwohl wird man nicht umhin kommen, ein über Jahrzehnte benütztes Logo dem „Zeitgeist" anzupassen bzw. zu aktualisieren. Auch hier ist jedoch tunlichst darauf zu achten, dass solche Veränderungen die Wiedererkennung und das bestehende Image nicht verschlechtern und die geplanten Veränderungen von den Verbrauchern möglichst kaum wahrgenommen werden. Dies ist beispielsweise sehr gut gelungen bei den Logos von **BMW** oder **Mercedes**, die in den letzten hundert Jahren einige Male, dabei jeweils nur minimal verändert wurden und in ihrer Zeit immer „modern" aussahen. Der Vergleich der jeweiligen Logos über einen langen Zeitraum zeigt die Spuren dieser gelungenen Modernisierung deutlich.

Natürlich muss man ein Logo wie auch einen (Firmen-)Namen oder eine Marke vor Imitationen schützen, so dass beispielsweise **Lacoste** gut beraten war, gegen ein chinesisches Unternehmen vorzugehen, dass ähnliche – wenn nicht plump kopierte – Produkte in ihren Filialen unter dem Namen „CROCODILE“ anbot und ebenfalls ein Krokodil als Logo benutzte, das sich von Lacoste-Krokodil nur dadurch unterschied, dass es statt nach rechts nach links schaute, dies aber ebenfalls mit einem aufgestellten Schwanz. Andere bekannte westliche Firmen wie **Google**, **Starbucks** oder **Gucci** mussten sich in Chinas ebenfalls gegen derartige „Raubkopien“ oder „look-alikes“ zur Wehr setzen, die auf eine Verwechslung spekulieren und von der Bekanntheit des Originals ein Stück auf ihre eigenen Produkte überleiten wollen.

8.3 Slogan

Mehr noch als bei einem Logo kann oder sollte es mit einem Slogan gelingen, die Philosophie oder die Strategie eines Unternehmens mit wenigen Worten verständlich zu machen. „Ich liebe es“ bzw. „I'm lovin it“ ist der (neue) Slogan von **McDonald's** (zuvor: „Everytime a good time“), „Besser leben“ der von **REWE** (der frühere Slogan „Jeden Tag ein bisschen besser“ erscheint strategisch treffender und weniger austauschbar, denn wer will seinen Kunden nicht ein „besseres Leben“ versprechen?), und Mercedes-Benz schaltete sogar einen Werbespot, der den neuen Slogan „Das Beste oder Nichts“ bzw. „The best or nothing“ international bekannt machen sollte.

Um die Notwendigkeit der Übersetzung von Slogans in unterschiedliche Landessprachen überflüssig zu machen, geht man in internationalen Unternehmen zunehmend dazu über, diese von Anfang an gleich auf Englisch zu formulieren, wie z.B. **Lufthansa** mit „Nonstop you“, **Philips** mit „Sense and Simplicity“, oder **Ernst & Young** (E&Y) mit „Building a better working world“. Dass dabei manch ein englischer Slogan etwas merkwürdig anmutet oder wie der Slogan der Douglas-Drogerie „Come in and find out“ sogar öffentlichem Hohn und Spott ausgesetzt war (Vgl. Deckstein, Werbung aus Kannitverstan, SZ 24.5.2004), ändert nichts an der Aussage, dass es zwar geeignete oder weniger geeignete (englische) Slogans gibt, aber eben keine richtigen oder falschen: Auch letztere werden schließlich bekannt, auch wenn sich für einen „Normalverbraucher“ der tiefere Sinn dahinter verbirgt.

Ideal ist es, wenn ein Slogan eng an einen Unternehmensnamen geknüpft wird (wie: „**Lidl** lohnt sich“), wenn ein Slogan die Firmenphilosophie ausdrückt (wie: „Nichts ist unmöglich: **Toyota**“), oder wenn ein Slogan die Mission oder die Vision eines Unternehmens so witzig transportiert, dass er bei den Verbrauchern zusätzliche Sympathien schafft (wie: „Wohnst Du noch oder lebst Du schon?“ von **IKEA** oder „Wer hat's erfunden?“ von **Ricola**).

Auch hier gilt die Aussage, dass ein einmal eingeführter Slogan nicht ständig geändert werden sollte, was in der Praxis aber zu häufig passiert, weil zum Beispiel einem neuen Manager der Slogan, der von den Vorgängern eingeführt wurde, überhaupt nicht gefällt. „Gefallen“ ist dabei gewiss nicht das geeignete Kriterium, allenfalls Strategie-Konformität, Leistungs-Fit oder insbesondere der inzwischen aufgebaute – internationale – Bekanntheitsgrad.

8.4 Marken

In Abwandlung der bereits zitierten Aussage *„International Marketing is all about Differenziation and Standardization“* könnte man auch sagen: *„International Marketing is all about Branding“.* Da man ein erfolgreiches internationales Geschäft nur mit (weitgehend) einheitlichen Angeboten führen kann und es kaum vorstellbar bzw. wirtschaftlich ist, dass eben diese Angebote in jedem Land unter unterschiedlichen Markennamen vermarktet werden, kommt der Schaffung und Pflege internationaler Marken eine besondere Bedeutung zu.

Bei dieser Gelegenheit sei aber auch gern daran erinnert, dass bei aller Marken- und Marketingpolitik nach wie vor der **„content“**, d.h. die angebotene Leistung selbst, im Vordergrund stehen sollte. So hat auch Prof. **Meffert**, dessen Name und Programm ja für das klassische Marketing steht, in seiner Abschiedsvorlesung angemahnt, bei aller Begeisterung für die Werbung und andere absatzpolitische Instrumente die Produktsubstanz, den „content“ also, nicht unterzubewerten oder gar zu vergessen. Denn eine starke Marke ist ohne eine entsprechende Leistung ihrer Erfinder, der Ingenieure, der Herstellungstechnik etc. allein nichts wert. Umgekehrt gilt allerdings auch: Eine starke Leistung wird sich ohne professionelles Marketing und ohne eine starke Marke auf den internationalen Märkten nur schwer durchsetzen.

Das Problem bei der Wahl der geeigneten Mittel und Maßnahmen hierbei ist – wie übrigens bei fast jeder Entscheidung im Marketing –, dass die mit ihr verbundenen Einschätzungen und Erwartungen nicht „top-down" verordnet werden können, sondern sich in den Köpfen der **Verbraucher** „bottom up" bilden müssen. Ob eine Marke für die Ausschöpfung eines Marktes geeignet ist oder nicht, welche Stärken und Schwächen sie in den einzelnen Ländern aufweist: Diese und weitere Fragen müssen mit entsprechenden Methoden der Marktforschung evaluiert werden. Da sich diese Methoden von den national angewandten Methoden nicht unterscheiden, wird auf deren Darstellung hier verzichtet, so wichtig sie im Einzelfall auch sind.

Das spezifische Problem bei der Führung internationaler Marken ist, mit den in einzelnen Ländern ermittelten Unterschiedlichkeiten der Märkte geschickt umzugehen. Denn natürlich wird man feststellen, dass die Positionierung einer Marke auf einzelnen Märkten von der internationalen Norm abweichen kann, dass der Markenname in manchen Sprachen schwer auszusprechen ist oder womöglich ungewünschte Assoziationen hervorruft. Das hat mit den Kenntnissen und den Einstellungen der Verbraucher, den spezifischen Verbrauchsgewohnheiten oder auch historisch gewachsenen Unterschieden ebenso viel zu tun wie mit der örtlichen Konkurrenz. Hat man jedoch einmal die internationale **Ziel-Positionierung** einer **Marke** eindeutig festegelegt, wird man nach Wegen suchen, diese auch in den von der Norm abweichenden Ländern zu erreichen. Es sei denn, man muss oder will damit leben, dass eine Markenharmonisierung in einzelnen Ländern einfach nicht funktioniert oder dass ein und dieselbe Marke in unterschiedlichen Märkten unterschiedliche Positionierungen einnehmen, was zum Beispiel eine einheitliche Werbung unmöglich machen würde.

Der Umgang mit örtlich unterschiedlichen Voraussetzungen auf den Märkten ist daher auch die **Kernproblematik** des internationalen Marketing. Schon bei dessen Definition wurde darauf hingewiesen, dass man sich im internationalen Geschäft u.U. auch mit **„suboptimalen Lösungen"** zufrieden geben und sich einer weltweiten Strategie unterordnen muss. Denn umgekehrt in jedem Land der Welt eine spezifische Positionierung anzustreben und für jedes Land unterschiedliche Marketing-Konzepte umzusetzen, auch wenn dies in den jeweiligen Ländern bessere Ergebnisse produzieren könnte, würde die Leistungsfähigkeit internationaler Unternehmen überfordern. In diesen kommt es im Gegenteil darauf an, **insgesamt**, d.h. also alle bearbeiteten Länder zusammengenommen, ein **optimales Ergebnis** zu erzielen. Ob und inwieweit dabei auf länderspezifische Anforderungen Rücksicht genommen werden kann, ist zwar einerseits eine Frage der Strategie, der Wirtschaftlichkeit und der Machbarkeit, andererseits aber oft auch eine Frage des **Machtanspruchs** der zentralen Führung, die nur ungern auf örtlichen Widerspruch oder Eigenständigkeit Rücksicht nehmen will, so richtig oder wichtig diese für den Erfolg auch sind.

Ein weiterer Schritt zu einem einheitlichen weltweiten Auftritt ist das sogenannte **„endorsement branding"**: Einer wie auch immer lautenden Marke wird zusätzlich der international bekannte Absender, sprich: Hersteller hinzugefügt. Man ist heute mehr als früher der Überzeugung, dass gerade der Bezug auf den internationalen Hersteller dem Produkt einen zusätzlichen Nutzen stiften kann, zum Beispiel ein Garantieversprechen, das die örtliche Marke alleine nicht geben kann. Deshalb finden sich im Gegensatz zu früheren Zeiten inzwischen auf vielen, wenn nicht allen Produkten der großen Konzerne wie **Nestlé, Unilever** oder **Procter & Gamble** Hinweise auf das „Mutterhaus". Noch vor Jahren hatte man sich gescheut, diese Hinweise auf das dahinter stehende Unternehmen anzubringen, u.a. weil man befürchtete, im Falle eines gravierenden Problems mit einer Marke in einem Land dann auch als ganzer Konzern mit all seinen unterschiedlichen Markenprodukten in Haftung genommen zu werden, so wie dies **Nestlé** mit der Kritik am Verkauf von Trockenmilch in Afrika geschah. Dank Internet und damit verbundener stärkeren internationalen Transparenz ist diese Begründung jedoch ohnehin obsolet geworden.

Werden identische Produkte in verschiedenen Märkten noch unter unterschiedlichen Marken angeboten, was zumeist historische Gründe hat, geht man inzwischen also vermehrt dazu über, die Markennamen zu vereinheitlichen und die „Abweichler" umzubenennen (**„switching"**) , was einerseits erhebliche Synergien ermöglicht, andererseits aber immer mit dem Risiko verbunden ist, dass Käufer der alten Marken verloren gehen. Eben dies musste sogar ein so erfahrener Konzern wie **Procter & Gamble** erfahren, als er vor einigen Jahren beschloss, die gut eingeführte Haushaltsreiniger-Marke **„Fairy"** in den international bevorzugten Namen **„Dawn"** umzuändern. Die Marktanteile dieses Produkts gingen in der Folge derart in den Keller, dass man diesen Schritt wider rückgängig machte und zukünftig bei derartigen „Operationen" deutlich vorsichtiger und zumeist schrittweise vorgeht: Erst erscheint zusätzlich zu dem (noch groß geschriebenen) alten Namen die neue Marke (**„co-branding“**). Diese wird im Laufe der Zeit dann immer größer, die alte Marke wird zunehmend kleiner abgebildet, bis schließlich der alte Name ganz entfernt wird und nur noch der neue erscheint. So konnte dies u.a. beim Wechsel von **„Calgonit“** zu **„Finish“** und von **„Unox“** zu **„Knorr“** beobachtet werden. Werden diese Schritte dann auch noch werblich unterstützt, kostet ein solcher Namenstausch zwar viel Geld, reduziert aber das Risiko von Marktanteils- und Umsatzverlusten. Und er ermöglicht in Zukunft eine einheitliche internationale Werbung, die so viele Synergien ermöglicht, dass derartige Zusatzaufwendungen leicht kompensiert werden können.

In einem letzten Schritt gehen internationale Konzerne inzwischen dazu über, die Komplexität des internationalen Geschäfts dadurch zu verringern, dass sie die über Jahrzehnte gewachsene weltweite Vielfalt an Produkten und Marken auf ein überschaubares und effektiver zu führendes Maß reduzieren. Der Hintergrund ist klar: Mit weniger Marken lässt sich das internationale Geschäft erheblich effizienter durchführen, zumal die bei der synergetischen Produktion und Vermarktung identischer Marken-Produkte eingesparten Kosten sehr viel effektiver in die Werbung und die Marktgestaltung ausgegeben werden können. Auch hat man aus der Zusammenarbeit mit dem stark konzentrierten Handel gelernt, dass im Grund nur solche Produkte gelistet werden und somit zumindest eine reelle und dauerhafte Marktchance bekommen, die mindestens die Nr. 3 am Markt sind, wenn nicht die Nr. 2 oder gar die Nr. 1.

So gab **Unilever**, wie bereits erwähnt, vor einiger Zeit im Rahmen eines Programms mit dem Namen „Path to Growth“ bekannt, dass man sich von ursprünglich ca. 1.600 Marken zukünftig nur noch auf 500 Marken konzentrieren wolle (Stach, 2002).

Dabei ging man wie folgt vor:

- Zunächst wurden alle Marken genauestens **analysiert** im Hinblick auf ihre strategische Bedeutung, ihre Marktanteile, ihr Potenzial, die Konkurrenzsituation sowie hinsichtlich Umsatz, Gewinn und Media-Aufwendungen.

- Aufgrund dieser Analyse wurden alle Marken in fünf verschiedene „Marken-Aktions-Gruppen“ **eingeteilt**:

(1) **Behalten** und investieren, und zwar entweder
- als internationale Einzelmarke,
- als internationale Multi-Marke,
- oder als “lokaler Juwel”, der aufgrund nur nationaler Verbrauchsgewohnheiten zwar nicht internationalisiert werden konnte, in einzelnen Ländern gleichwohl einen erheblichen Ergebnisbeitrag lieferte. Ein Beispiel hierfür sind **Pfanni**-Kartoffelknödel, die in erster Linie in den deutschsprachigen Ländern bekannt sind und verwendet werden.

(2) Auf andere Marken **überführen** („switching“).

(3) Weiter **beobachten**, weil eine Entscheidung zunächst noch unsicher ist.

(4) **„Melken”** bzw. „Ernten”, d.h. die Produkte ohne jegliche Unterstützung mit Werbung, Promotionen wie Rabattaktionen etc. so lange weiter verkaufen, bis sie schließlich vom Handel mangels Umschlagshäufigkeit ausgelistet werden.

(5) **Eliminieren**, und zwar entweder durch den Verkauf an einen Interessenten, oder aber, falls dies nicht möglich oder sinnvoll war, das Produkt bzw. die Marke ganz aufgeben.

- Schließlich hat man sich vorgenommen, die Umsetzung der einmal getroffenen Entscheidungen zu **überwachen** und diese gegebenenfalls abzuändern.

Ein weiteres Beispiel aus dem Bereich der „packaged goods“, also der verpackten Konsumgüter wie Lebensmittel oder Non-Food-Produkte, soll verdeutlichen, wie man im Prozess der Migration (**„switching“**) von einer zu einer anderen Marke vorgehen kann:

- Man startet dabei zunächst mit der **Packungs-Format**-Harmonisierung: Denn wenn auch die Produkte noch unterschiedlich markiert sind oder verschiedene Inhalte haben, ermöglichen einheitliche Packungsgrößen doch bereits die Produktion all dieser Varietäten auf nur einer Verpackungsmaschine. Beim Sortenwechsel müssen diese Maschinen dann nicht mehr umgestellt werden, es entstehen weder größere Umrüstkosten noch Umrüstzeiten. Dies ist auch die Voraussetzung für eine Zusammenlegung der Produktion für verschiedenste Länder in einem zentralen Werk.

- Als nächsten Schritt harmonisiert man die **Inhaltstoffe**, und zwar mit der Absicht, dass für bestimmte Rohstoffe größere Bestellmengen und damit niedrigere Einkaufspreise entstehen. Natürlich dürfen dadurch für die Verbraucher keine Nachteile verbunden sein.
- Hat man die Produktion konzentriert und die Inhaltsstoffe so weit wie möglich standardisiert, kann man als nächstes damit beginnen, bei Beibehaltung der unterschiedlichen Marken die (äußere) **Verpackungsgestaltung** oder sogar die **Subbrands** zu harmonisieren.
- Damit ist der Weg frei für den letzten Migrationsschritt, nämlich die Überführung auf **einen** anderen, international harmonisierten **Markennamen**.

Die unterschiedlichen Eigenschaften der Nachfrage, wie zum Beispiel regional abweichende Waschgewohnheiten oder unterschiedliche Geschmäcker, können bei diesem Vorgehen durchaus berücksichtigt werden, nach außen hin handelt es sich dennoch um ein und dasselbe Produkt.

Da globale Unternehmen zumeist mehr als nur eine Produktgruppe anbieten und oft über mehrere Markennamen verfügen, stellt sich im internationalen Marketing auch die Frage nach deren Einordnung. Dabei kann die bekannteste Marke als **„Dachmarke"** dienen, deren verschiedene Produktgruppen mittels Submarken unterschieden werden (wie im Falle von **Nestlé** Marken wie **Maggi**, **Thomy, Buitoni** etc.).Tritt ein Hersteller mit einer ganzen **Markenfamilie** an den Markt, erscheint der Hersteller bzw. dessen Marke selbst nur als Supplement, wie z.B. beim **„endorsed branding"**. So wird dies auch von **Ferrero** gehandhabt, deren Einzelmarken wie **Duplo**, **Hanuta**, **Nutella** etc. im übrigen selbständig auftreten und unterschiedlich positioniert sind. Konzerne, die Luxusgüter vertreiben wie die **LVHM**-Gruppe, bevorzugen zumeist das **„Mehr-**

marken-Prinzip“, nach dem den Käufern gar nicht bekannt werden soll, wer hinter den profilierten Einzelmarken wie **Pommery**, **Moet** & **Chandon** etc. steht.
Von einer **„Marken-Architektur“** spricht man, wenn es mehrere Namens-Ebenen gibt, die in eine logische Reihe gebracht werden müssen. Ist zum Beispiel die **Volkswagen** AG der Hersteller, sind Marken wie **Seat** oder **Audi** wiederum Unter-Dachmarken, während **Golf**, **Passat** oder **A6** untergeordnete Produktmarken sind. Dazu kommen noch weitere Submarken wie **„Golf GTI“**. Derartige Marken-Architekturen ermöglichen im weltweiten Wettbewerb ein großes Maß an Flexibilität, kann man doch in jedem Land der Erde mit den Dach-, Produkt- oder Submarken agieren, die für dessen Ausschöpfung am besten geeignet sind.

Schon aus Kostengründen sind Markenhersteller heutzutage geneigt, neue Produkte unter den Namen gut beleumundeter und bestens bekannter Markennamen einzuführen, zumal die Einführung einer komplett neuen Marke inzwischen sehr teuer geworden ist. Man betreibt dabei Marken-**„stretching“**, was grundsätzlich wirtschaftlich sinnvoll ist, dann jedoch an seine Grenzen stößt, wenn man nach und nach zu viele unterschiedliche Produkte unter einer Dachmarke vertreibt, so wie dies zuletzt bei **Beiersdorf**, dem Hersteller von **NIVEA**-Produkten, der Fall war. Dann verwischen sich die Konturen einer Marke, die dadurch mehr und mehr geschwächt wird.

Zusammenfassung

Generell kann man zur Führung internationaler Marken sagen:

- Der Fokus internationaler Konzerne liegt immer mehr auf der Schaffung und Pflege weniger, aber dafür global verbreiteter Marken. Wegen der damit verbundenen Stärkung internationaler Marken und der möglichen Synergieeffekte werden lokale Marken immer häufiger umbenannt („brand-switching“), oder, falls das nicht geht, letztendlich verkauft oder ganz aufgegeben.
- Der Übergang von differenzierten zu standardisierten Marktstrategien ist, wie inzwischen viele Beispiele beweisen, durchaus machbar, zumal es dafür einige Zwischenschritte gibt, die dem Verbraucher dabei helfen,

das neue, standardisierte Produkt ebenso zu akzeptieren wie das bisher örtlich angepasste und unterschiedliche ausgestattete Produkt.

- Dieser Harmonisierungs- und Standardisierungsprozess erfordert viel Marktkenntnis und Fingerspitzengefühl, denn mit dem Einmotten gut eingeführter lokaler Marken verliert man gern Umsatz und Marktanteile, während die Akzeptanz neuer Marken immer mit Unsicherheiten behaftet ist.
- Für die Migration von einer zur anderen Marke gibt es eine ganze Reihe von Zwischenschritten: Man kann mit der Packungs-Harmonisierung beginnen, ein einheitliches Logos verwenden, mit Hilfe des „endorsed branding“ auf den eigentlichen Hersteller hinweisen, und schließlich mittels „co-branding“ langsam, aber sicher, die Verbraucher von der einen zur anderen Marke mitnehmen, bis am Ende das Produkt genauso heißt wie in allen übrigen Länder.
- Bei all diesen Maßnahmen muss ex ante genauestens geprüft werden, ob und wie derartige Maßnahmen von den Verbrauchern in den verschiedenen Ländern voraussichtlich angenommen werden.
- Da sich Marken in den Köpfen der Verbraucher bilden und nicht in den Labors oder Agenturen der Hersteller, müssen derartige Veränderungen zumeist massiv werblich unterstützt werden.
- Nicht übersehen werden sollte dabei das Risiko des „brand-stretching“, wenn unter ein und derselben (internationalen) Marke zu viele verschiedene Produkt-Varianten angeboten werden und so den Markenkern verwässern.
- So oder so müssen oder sollten all diese Maßnahmen sorgfältig mit Hilfe der internationalen Marktforschung geplant und kontrolliert werden, denn letztlich kommt es darauf an, ob man mit den geplanten Strategien und Maßnahmen Verbraucher behält, gewinnt oder gar verliert.
- Nicht selten wird ein Markenwechsel oder die Einführung einer internationalen Marke aber schlichtweg veranlasst, besser: Durchgedrückt, z.B. aus übergeordneter strategischer Sicht, ob nun Marktinformationen o.a. dagegen sprechen oder nicht: Die internationale Marketing-Strategie muss dabei überall auf der Welt durchgesetzt werden, und es obliegt den nationalen Kräften, dies so gut es geht – wenn u.U. auch „suboptimal“ – umzusetzen.

8.5 Werbung

Die „Krönung der internationalen Markenführung" ist die Schaltung weltweit einheitlicher Werbung. Diese ist möglich und sinnvoll, wenn überall dort, wo geworben wird, die angebotenen Produkte distribuiert und damit verfügbar sind, die Positionierung der Marken ähnlich ist und die Verbraucher, wo auch immer auf der Welt, durch diese Werbung (ob im Fernsehen, im Internet, in Zeitungen oder Zeitschriften etc.) aufmerksam gemacht und motiviert werden, diese zu kaufen. Zwar besteht auch bei internationaler Präsenz die Möglichkeit, manchmal sogar die Notwendigkeit, die Werbung in einzelnen Ländern unterschiedlich zu gestalten, um örtlich unterschiedliche Gewohnheiten noch besser aufzunehmen und auszuschöpfen. Da die Bedürfnisse der weltweiten Verbraucher aber immer homogener werden (Konvergenz), die mobilen Verbraucher von heute, ob als Geschäftsleute oder als Touristen, auch im Ausland von „ihren" Produkten denselben Auftritt, dieselbe Qualität und vergleichbare Positionierung erwarten, und da es immer mehr international streuende Medien gibt, wird der Trend zu einer standardisierten internationale Werbung immer stärker.

Die mit einer weltweit standardisierten Werbung verbundenen Einsparungen in Kosten und Zeit sind erheblich. Man stelle sich umgekehrt vor, für jedes Land müsste eine eigene Strategie entworfen, ein eigenes Briefing erstellt, eine eigene Produktion der Werbung erfolgen und eine sowohl vom Inhalt als auch von der Mediastreuung her gesehen unterschiedliche Kampagne geschaltet werden! Die Nutzung internationaler Medien für weltweit einheitliche Werbestrategien hingegen erspart unglaublich viele Kosten und viel Zeitaufwand. Diese weltweit streuenden Medien sind zwar, mit Ausnahme der Werbung im Internet, absolut teuer, im Verhältnis zur Anzahl der damit möglichen Kontakte wiederum vergleichsweise preiswert. Ob es sich dabei um international ausgestrahlten TV-Sender handelt wie **CNN**, **BBC**, **MTV** oder um weltweit vertriebene Zeitungen wie **Financial Times**, das **Wall Street Journal** oder die **USA Today**: Wo auch immer auf der Welt diese uniforme Werbung gesehen, gehört oder gelesen wird, sie kann überall dieselbe Botschaft vermitteln und möglichst überall dieselbe Wirkung erzielen.

Dabei ist den international Werbung Treibenden durchaus bekannt, dass es für die Werbung in vielen Ländern nach wie vor limitierende Vorschriften gibt, die es natürlich zu beachten gilt. Aus tatsächlichem oder vorgeschobenem Schutz der Verbraucher greifen Staaten oder supranationale Organisationen wie die EU immer häufiger in den Gestaltungsspielraum der Werbung ein. Dahinter steht der an sich gut gemeinte Gedanke, die Verbraucher vor zu starkem Einfluss der Werbung zu schützen und insbesondere zu verhindern, dass Produkte gekauft werden, die der Gesundheit abträglich oder aus anderen Gründen schädlich sein sollen. So gibt es in vielen Ländern der Welt Werbebeschränkungen für **alkoholische** und **pharmazeutische** Produkte sowie für **Tabakwaren**. Organisationen wie der „Zentralverband der deutschen Werbewirtschaft" (**ZAW**) versuchen daher mit unterschiedlichem Erfolg, derartige Werbebeschränkungen zu verhindern, die gelegentlich auch nur zum Schutze der einheimischen Industrie erlassen werden.

Bei allen diesen erheblichen Vorteilen für globale Werbestrategien darf jedoch nicht übersehen werden, dass eine einheitliche internationale Werbung eher einem „Rasenmäher" gleicht, der alle Verbraucher gleichermaßen berühren und keinerlei Rücksicht nehmen kann auf örtlich unterschiedliche Verbrauchs-Strukturen oder -Entwicklungen. Dies ist besonders bei der Werbung nicht ganz unkritisch, muss man doch, wenn die Werbung wirken soll, gerade bei diesem absatzpolitischen Instrument die Empfindlichkeiten, Erwartungen und Reaktionen der Verbraucher wie auch der Konkurrenz berücksichtigen. Deshalb ist es auch kein Wunder, dass die Frage der weltweit standardisierten versus national differenzierten Werbung auch in den Unternehmen selbst durchaus unterschiedlich bewertet wird, je nachdem, wer gerade darüber zu entscheiden hat.

So konnte über viele Jahre sogar bei **Coca-Cola,** einem der größten Werbetreibenden weltweit, beobachtet werden, dass der eine CEO eine strikte Vereinheitlichung und weltweite Standardisierung der Werbung verlangte, sein Nachfolger diese Zügel lockerte und den nationalen Filialen mehr Freiraum bei der Gestaltung ihrer Werbekampagnen lies. Dies wiederum ging dessen Nachfolger zu weit, so dass in der Folge wieder striktere internationale Werberegeln verkündet wurden.

Dabei ist auch zu berücksichtigen, dass die Frage der Standardisierung der Werbung natürlich auch eine starke Auswirkung auf die **Motivation** des lokalen Managements hat. Ein für ein Land oder eine Region verantwortlicher Manger kann sich für schlechte Umsätze eher entschuldigen, wenn er darauf verweisen kann, dass die in der weltweiten Zentrale entworfene Werbung gerade in seinem Land nicht nur nicht wirkte, sondern vielleicht sogar kontraproduktiv war. Durfte er hingegen selbst über den Einsatz dieses Instruments entscheiden und eine den Bedürfnissen „seiner" nationalen oder regionalen Verbraucher besser angepasste Werbung schalten, entfällt nicht nur diese Art der Exkulpation, sondern er ist auch motiviert zu beweisen, dass seine Überlegungen zur Werbung richtig waren, so dass er alles tun wird, dies mit guten Umsatzzahlen zu beweisen.

Auch für dieses Dilemma gibt es einen Kompromiss: Werden für differenzierte Werbestrategien bestimmte Kernelemente fixiert, wird den örtlichen Unternehmen ermöglicht, unter Berücksichtigung dieser Fixpunkte eine eigenständige, national vielleicht noch wirksamere Werbung zu gestalten. Welche Kernelemente dies im Einzelfall sind, lässt sich besonders bei erfolgreichen Werbekampagnen nachvollziehen, die zwar über Jahr hinweg auf demselben Kern basieren, für neue Kampagnen und neue Produkte jedoch nach wie vor einen ausreichend großen Gestaltungsspielraum lassen. So zeigt die Werbung für viele **Lindt**-Schokoladenprodukte u.a. immer den „Chocolatier" mit Kochmütze, die Produktionsstätte der Schokolade, die eher einer Konditoren-Werkstatt gleicht, sowie einen deutlichen Blick auf lecker fließende Schokolade. Auch **Marlboro** gab für Variationen seiner weltweiten Werbung vor, dass der **Cowboy** der Held sein musste, er immer glaubwürdig zu sein hatte und z.B. immer eine grandiose Landschaft zu zeigen war.

Ändert sich die Werbestrategie, ändern sich auch derartige Vorgaben, wenn sie nicht ohnehin zugunsten einer weltweit neuen einheitlichen Werbung aufgegeben werden. Dies geschah mit eben dieser zuletzt genannten Marke, als man vor wenigen Jahren den Cowboy „sterben" ließ (einige der langjährig abgebildeten Cowboys waren in der Tat verstorben – an Lungenkrebs!) und insbesondere die potenziellen jungen Verbraucher mit dem Slogan „Don't Be a May Be" (auch in Deutschland auf Englisch!) angesprochen hat und so motivieren wollte, trotz – oder gerade wegen – der intensiv diskutierten Gesundheitsrisiken zum

„Glimmstängel" zu greifen. Besonders bei den jungen „Einsteigern" ins Rauchen scheint diese Kampagne recht positiv gewirkt zu haben.

Gewiss hängt es auch vom zu bewerbenden Produkt selbst ab, ob man auf örtliche Besonderheiten Rücksicht nehmen muss oder nicht. Ein neues i-Phone und neue Automodelle können sicherlich viel eher einheitlich beworben werden als Produkte, die auf unterschiedliches Verbraucherverhalten auf der Welt treffen. Letzteres trifft insbesondere bei **Nahrungsmitteln** zu, bei denen man davon ausgehen muss, dass die Ernährungsgewohnheiten wie auch die Geschmäcker noch eine ganze Weile so unterschiedlich sind, dass deren Produkte auch unterschiedlich beworben werden müssen. Anders sieht es wiederum bei den Lebensmitteln aus, die für alle Länder gleichermaßen relativ neu sind und daher in erster Linie junge Verbraucher ansprechen, die zumeist mehr als die ältere Bevölkerung einen einheitlichen (westlichen) Lebensstil und Ernährungsgewohnheiten pflegen: Dies trifft für Produkte wie die Hamburger von **McDonald's**, die Pasta von **Barilla** oder die Softdrinks von **Coca-Cola** oder **Red Bull** zu. Der „American way of life", die Pop-Musik und die neuen Medien wie das Internet haben weltweit eine relativ homogene Anhängerschaft gefunden (oder geschaffen), die eher einheitlich zu umwerben ist. Und da sich das Verhalten dieser jungen Bevölkerung auch im Alter voraussichtlich nur unwesentlich ändern wird, ist davon auszugehen, dass diese Verbrauchs- und Gebrauchs-Konvergenz in den nächsten Jahrzehnten eher zunehmen wird und dadurch eine noch breitere Basis für international gleichgeschaltete Werbung bildet.

Nach wie vor muss man sich bei der internationalen Werbung die Frage stellen, welche Bilder (die internationale Sprache der Werbung ist ohnehin Englisch) weltweit dieselben Eindrücke und Stimmungen erzeugen, ob es beispielsweise „internationale **Gesichter**" gibt, die überall als einheimisch und nicht etwa als fremdartig empfunden werden und ob sich genügend Verbraucher mit diesen Testimonials identifizieren können. Zwar gilt auch hier das Gesetz der **Konvergenz**, nachdem sich sogar die Physiognomien – insbesondere die der Frauen – dank entsprechender Operationstechniken immer mehr dem westlichen Ideal annähern. Dennoch muss man befürchten, dass sich zu international und damit zu generisch wirkende Testimonials schwächer auf die Werbewirkung auswirken als Menschen, die dem heimischen Typus eher entsprechen. Aber auch dieses Problem erscheint lösbar: Wenn bei im übrigen identischer Werbung in einzelnen Kontinente wie Asien, Amerika oder Europa unterschiedliche **„castings“** vorgenommen werden, bleibt die internationale Werbebotschaft trotz dieser Unterschiedlichkeit erhalten, und dies bei relativ geringen Zusatzkosten.

Diese Beispiele zeigen, dass es insbesondere bei der Werbung nach wie vor einen relativ großen Graubereich der Vermutungen über deren Wirkung gibt. Dies ist auch kein Wunder, kann man doch die Effekte einer Werbekampagne vor deren Schaltung nur unvollkommen in einem Labor (pre-)testen. Reale Märkte werden von so vielen, oft nur kurzfristig wirksamen Faktoren beeinflusst, und seien es nur spontane Wettbewerbs(re)aktionen, dass die Unsicherheit über die voraussichtliche Werbewirkung nach wie vor recht groß ist. Zumindest im Nachhinein kann jedoch ermittelt werden, ob, wo und wie die geschaltete Werbung gewirkt hat, so dass man sich auch international schrittweise dem gewünschten Optimum annähern kann.

Genau solche Probleme sind vermutlich auch in Zukunft die Geschäftsgrundlage nationaler wie internationaler **Werbeagenturen**. Für wirklich wirksame Werbung benötigt man mehr denn je professionelle Werber, die zwar immer wieder einmal gern „aus dem Ruder laufen“ und auch für internationale Werbekampagnen nicht akzeptable Vorschläge machen. Aber gute Agenturen werden bei Vorliegen eines klaren strategischen Konzepts und eines restriktiven Briefings in der Lage sein, eine kreative Werbung zu entwickeln, die so wirksam ist, dass sie die hohen finanziellen Einsätze lohnt.

Im Zuge der Globalisierung sind auch die Werbeagenturen – wie übrigens auch die **Wirtschaftsprüfer** und die **Unternehmensberater** – gehalten, sich international aufzustellen und ihren Kunden in möglichst jedem Land der Welt einen gleichermaßen optimalen Service zu bieten. Auf diesem Weg sind die meisten großen Agenturen bereits große Schritte vorangekommen, wobei jedoch nicht zu übersehen ist, dass die Effektivität der einzelnen Filialen nicht immer gleich hoch einzuschätzen ist, wenn sie denn in allen Ländern der Welt überhaupt vertreten sind. Derartige Distributionslücken werden gern mithilfe örtlicher Partneragenturen ausgefüllt, deren Leistungsfähigkeit aber erst zu beweisen ist.

Hinzu kommen **Wettbewerbsprobleme**, wenn eine anvisierte weltweite Agentur in einem Land oder einer Region an einen Wettbewerber gebunden ist. Hier wird gern die **„Chinese wall"** zitiert, also die hohe Mauer, die die konkurrierenden Teams in ein und derselben Werbeagentur – und in ein und demselben Gebäude – angeblich so voneinander trennen könne, dass besonders sensible Informationen über die Pläne der Wettbewerber geheim blieben. Allerdings ist vermutlich kaum zu vermeiden, dass sich eben diese Kollegen mittags in der Kantine oder abends beim Bier gelegentlich auch über derartige Wettbewerbsdaten austauschen.

Der Anteil internationaler Werbung am gesamten Werbekuchen ist gleichwohl nach wie vor relativ gering. Auch in Zukunft werden die meisten Konsumenten *„locally driven"* sein, betonte sogar der für die Kreation internationaler Werbung bestens beleumundete Martin **Sorrell**, Vorsitzender der **WPP**-Gruppe, des größten Werbekonzerns der Welt, auf einem Kongress in München (Sorell, 2003): Gute und nur national oder regional aufgestellte Werbeagenturen werden seiner Meinung nach auch in Zukunft eine gesicherte Existenzbasis haben.

8.6 Sponsoring

Sponsoring ist in den letzten Jahren als Werbeform immer beliebter geworden, vielleicht auch deshalb, weil klassische Werbeformen wie Rundfunk- und TV-Werbung sowie Zeitungs-Anzeigen zunehmend an Wirkung einbüßten. Im Vordergrund steht dabei zwar das **Sport-Sponsoring**, aber auch das **Kultur-Sponsoring** wird immer beliebter. Nun ist Sponsoring kein spezifisch internationales Phänomen, auch kleine örtliche Sportvereine oder Kulturfestivals werden ja gerne von örtlichen Herstellern und Händlern finanziell unterstützt, wenn deren Firmen- oder Produktnamen an prominenter Stelle abgedruckt werden, zum Beispiel an den Rändern der Sportfelder oder in den Konzertprogrammen.

Es gibt aber eine Werbeform, die sich eigentlich nur für global aufgestellte Unternehmen lohnt, nämlich die **Bandenwerbung** bei **internationalen** Sport-, insbesondere **Fußballturnieren**. Diese Werbeform wird von den „Multinationals" wie **Toyota**, **McDonald's**, **Heineken** etc. gern benutzt, obwohl sie vergleichsweise teuer ist. In Relation zu den oft Milliarden von Fernsehzuschauern ist sie jedoch nach wie vor ein recht preiswertes Medium, da mit dieser Art der

Werbung der Bekanntheitsgrad der Marken in aller Welt gestützt oder gestärkt werden kann und die positive Assoziationen, die mit dem Sport verbunden werden, auf das eigene Produkt- oder Firmenimage übertragen werden können. So gehören auch bei den **Olympischen Spielen** die „global companies" zu den wichtigsten Sponsoren. **Coca-Cola** hat sich schon vor einigen Jahren weitgehende Rechte für die nächsten Olympischen Spiele gesichert und dafür mit dem Olympischen Komitee einen Sponsoren-Vertrag über mehrere Hundert Millionen $ abgeschlossen. Bekannt ist auch der Fall der Marke **Red Bull**, die sich bei ihren Verbrauchern im Wesentlichen mit dem Sponsoring von extremen Sportarten profiliert hat.

Natürlich gibt es auch bei dieser Art der Verbraucheransprache gewisse Risiken, zum Beispiel, wenn ein gesponserter Sportler zu den Verlierern gehört, oder wenn ein gesponsertes Rennauto in einen gravierenden Unfall verwickelt wird. Aber es kann auch andere Probleme geben: So gerieten zum Beispiel im Vorfeld der Fußball-Europameisterschaft 2012 in der Ukraine Sponsoren wie **Adidas**, **Coca-Cola**, **McDonald's** etc. in die Schlagzeilen, weil Tierschutzorganisationen von ihnen verlangten, die behaupteten Massen-Tötungen herrenloser Hunde vor der Meisterschaft dank ihres Einflusses auf den europäischen Fußballverband zu verhindern.

Ein weiterer Aspekt dieser Art von internationaler Werbung ist, dass man damit nur die **Marke** selbst oder den **Firmennamen** publik machen kann, denn die Erwähnung oder der Abdruck eines ganzen Slogans oder gar die ausführliche Erläuterung von Marketing-Zielen ist dabei kaum möglich. Dies ist zumeist ergänzenden Aktionen oder Events vorbehalten, die parallel zu den Ereignissen organisiert werden können, aber wiederum nur einen kleinen Teil des Publikums erreichen.

Auch dürften die Streuverluste bei den (potenziellen) Verbrauchern, die mit dieser Art von Werbung angesprochenen werden sollen, oft recht groß sein. Aber es ist eben wie bei jeder Werbung, von der es ja immer hieß, 50% davon seinen immer zum Fenster hinausgeworfen, man wisse nur nicht welche 50%! So wird es oft ganze Länder geben, in denen man sich zwar die Übertragungen von Fußballspielen im Fernsehen anschauen kann, in denen jedoch eben diese werbenden Firmen noch gar nicht vertreten sind. Aber zumindest für einen potenziellen späteren Einstieg kann man zumindest darauf hoffen, dass den dortigen Geschäftspartnern oder gar vielen Konsumenten in diesen Ländern zumindest der Name des neuen Anbieters bereits bekannt ist. Ohnehin ist das Sponsoring allenfalls eine begleitende Werbemaßnahme, keinesfalls der Kern einer kompletten Marketing-Strategie.

Es lässt sich nur schätzen, wie hoch die weltweiten Streuverluste von Firmen wie **OBI**, **T-Mobile** oder **Postbank** sind, die bei internationalen Sportveranstaltungen ebenfalls oft zu sehen sind, international aber bei weitem nicht so breit distribuiert sind wie die Länder, in denen ihr Namen gesehen wird. Bei der Fußballweltmeisterschaft 2008 in Südafrika warb zum ersten Mal ein chinesisches Unternehmen in chinesischen Schriftzeichen, was wie auch die o.a. Beispiele vermuten lässt, dass derartige Entscheidungen oft von sportbegeisterten CEO's getroffen werden, die sich vermutlich selbst am meisten über die Präsenz ihrer Firmen bei derartig wichtigen Veranstaltungen freuen.

Auch erscheint es unmöglich, mit einer solchen Art von Werbung einen völlig neuen Namen publik zu machen. Untersuchungen haben belegt, dass mit Sponsoring zwar der internationale Bekanntheitsgrad steigen kann, aber eben nur der von Firmen, die ohnehin schon vielen Menschen bekannt waren. Das war bei Firmen wie **Avaya** jedoch nicht der Fall, ein Unternehmen der Kommunikationsindustrie, das – zumindest in Deutschland – trotz intensiver Bandenwerbung weder vor noch nach den Fußball-Weltmeisterschaften 2006 besonders bekannt war, geschweige denn bekannter wurde. Das ist eigentlich auch kein Wunder, denn wenn man eine Marke oder eine Firma noch gar nicht kennt, kann man mit der bloßen Namensnennung auch keinerlei konkreten Vorstellungen verbinden. Die meisten Hauptsponsoren und Banner-Werber waren auch damals die üblichen „Verdächtigen“: **Hyundai**, **Mastercard**, **Yahoo!**, **Fuji Film**, **Duracell**, **Budweiser**, **adidas**, **Toshiba**, **Fly Emirates**, **Gillette** etc..

Zusammenfassung

Die Bereiche Marke und Kommunikation sind wohl die interessantesten Arbeitsgebiete im internationalen Marketing. Im Gegensatz zu Fragen der Produktion, Logistik, Verwaltung, Finanzen, wo man 1 und 1 eindeutig zusammenrechnen kann, kommt es hier sehr stark auf subtile Marktkenntnisse an, auf das Einfühlen in die weltweiten Verbraucherseelen wie auch auf den Mut, mit kreativen Ideen weltweite Aufmerksamkeit und Sympathien zu gewinnen. Nach wie vor bewegt man sich hier jedoch auf „dünnem Eis“ und riskiert, mit der gewählten Strategie keinen oder nur wenig Erfolg zu haben. Umso befriedigender ist es dann, wenn man mit der gewählten internationalen Werbe-Strategie den eigenen Produkten eine weltweite Distribution und überdurchschnittliche Absätze verschaffen kann.

9. Internationale Marketing-Karrieren

Zum Schluss der Diskussion des internationalen Marketing soll auf die menschlichen Aspekte dieses Themas eingegangen werden, allen voran auf die Fragen, wie es trotz der – nach wie vor – unterschiedlichen Kulturen auf den verschiedenen Kontinenten und in den einzelnen Ländern möglich ist, die ganze Welt als „einen Markt" zu behandeln, und welche Voraussetzungen und Chancen sich aus der zunehmenden Globalisierung für Nachwuchskräfte in der Wirtschaft ergeben.

Die technischen Voraussetzungen für das laufende Management eines internationalen Unternehmens sind heute besser denn je und werden permanent durch neue Anwendungen ergänzt. Sie erleichtern das **Zusammenarbeiten** über alle nationalen Grenzen und Zeitzonen hinweg ungemein: **Telefon**- oder **Videokonferenzen**, die **Digitalisierung** und vernetzten **Computersysteme** ermöglichen es inzwischen auch Mitarbeitern in den entlegensten Ecken der Welt, in „real time" über die Geschehnisse in der Zentrale und in anderen Filialen informiert zu sein und sich selbst ohne Zeitverzögerung in die jeweiligen Arbeitsprozesse einzuklinken. Aber auch wenn diese Voraussetzungen inzwischen nahezu perfekt gegeben sind, bleibt die Frage offen, wie das **Zusammenleben** internationaler Mitarbeiter funktioniert und welche Probleme damit verbunden sind.

9.1 Die Rolle unterschiedlicher Kulturen

Fakt ist, dass Kulturen, Gewohnheiten, Sprachen, ja: Das Aussehen der Menschen in den meisten Ländern der Welt nach wie vor unterschiedlich sind, oft sogar auch innerhalb der Grenzen einzelner Länder. Ist daraus aber abzuleiten, dass internationale Firmen dies bei ihren Aktivitäten unbedingt berücksichtigen und zuvor diese Kulturen im Detail analysieren müssen? Muss man, wenn man als Produzent von Spaghetti oder Fernsehgeräten 100 Länder im Visier hat, 100 verschiedene Marketing-Konzepte erarbeiten oder sogar noch mehr, wenn man für Deutschland der Meinung ist, die bayerische Kultur sei doch sehr verschieden von den norddeutschen Gewohnheiten – was in Teilbereichen im übrigen durchaus stimmt?

Über das Management und Marketing in unterschiedlichen Kulturen sind ganze Bücher geschrieben worden (Müller/Gelbrich, 2004; Müller/Kornmeier, 2001; Keller, 2005). So ist es nicht überraschend, dass die Konsequenzen und Empfehlungen aus verschiedensten Seiten betrachtet werden und die Autoren zu unterschiedlichen Erkenntnissen kommen.

Auf der einen Seite stehen die sogenannten **„Kulturisten"**, die behaupten, alle Management-Techniken und -Konzepte seine kulturabhängig. Sie vertreten die sogenannte **„Culture-Bound-Thesis"** und verlangen, die Führungs- und Vermarktungs-Methoden eines international aufgestellten Unternehmens an die jeweiligen Kulturen anzupassen (Kutschker/Schmid, 2004). Dafür gebe es **„several good ways"**, und es helfe auch nicht, nur die jeweiligen Landessprachen gut zu beherrschen. Man müsse die örtlichen Kulturen schon genau verstehen, um daraus für den eigenen Auftritt die richtigen Strategien zu finden.

So einleuchtend diese Forderung ist, so unrealistisch und unökonomisch ist deren Umsetzung. Die dafür erforderliche Zeit, die zusätzlichen Kosten und die gewaltig steigende Komplexität verhindern, dass ein Unternehmen mit einem für viele Länder oder gar die ganze Welt interessanten Produkt rechtzeitig „aus den Startlöchern" käme und vor lauter Analyse, Vorbereitung und kultureller Anpassung den Markt verpassen und womöglich Wettbewerbern den Vortritt lassen würde.

Auf der anderen Seite stehen daher die **„Universalisten"**, die sagen, dass die Managementtechniken und Vermarktungskonzepte universell gleich sein können und auch von kulturspezifischen Einflüssen unabhängig sind. Sie vertreten die sogenannte **„Culture-Free-Thesis"** und behaupten, es gebe nur **„one best way"**, eine Firma auch weltweit erfolgreich zu führen. Dahinter steht die Erfahrung, dass es auch im Ausland mehr auf die firmenspezifische **Unternehmenskultur** ankommt als auf nationale Besonderheiten. So betonte auch Werner **Geissler**, Vice Chairman von **Procter & Gamble**: *„Völlig verschiedene Unternehmenskulturen diesseits und jenseits des Pazifik sehe ich nicht. Spitzenunternehmen werden nach den gleichen Prinzipien geführt"* (Herrmann, Ein Deutscher in Amerika, FAZ 18.5. 2007).

Vermutlich trifft in der Praxis weder die eine – kulturabhängige – noch die andere – kulturunabhängige – Form des Managements und der Vermarktung in ihrer Reinform auf. Ähnlich wie bei der Frage der möglichen Standardisierung bzw. notwendigen Differenzierung des Angebots könnte man in diesem Zusammenhang sagen:

„So viel kulturelle Unabhängigkeit wie möglich,
so wenig Anpassung an unterschiedliche Kulturen wie nötig".

Denn einerseits möchte ein internationales Unternehmen zugunsten der eingesparten Zeit, der verringerten Komplexität und der reduzierten Kosten möglichst alles „über einen Kamm scheren", andererseits möchte und muss man natürlich auch gravierende Fehler beim Auftritt in örtlichen Kulturen vermeiden, die den wirtschaftlichen Erfolg in diesen Ländern verhindern oder verzögern würden (Schmid/Kein, 2012). So würde man in einem Land keinesfalls mit Aussagen oder Abbildungen werben, die örtliche Empfindlichkeiten berühren und somit kontraproduktiv wirken. Auch würde man natürlich jedes Produkt oder die dafür eingesetzte Werbung an kulturelle Besonderheiten, an nationale Rechtsvorschriften oder andere, wie z.B. klimatische Gegebenheiten, anpassen, wenn dies die „conditio sine qua non" für dieses Land wäre und diese Anpassung den Markterfolg verbessern würde.

Hilfreich bei der Beurteilung dieser Frage ist, die Erwartungen der Konsumenten wie auch die der Mitarbeiter an das Verhalten eines internationalen Unternehmens genauer zu studieren. Dabei wird man rasch feststellen, dass man von einem japanischen Anbieter nicht erwarten wird, dass sich dieser wie ein lokaler Produzent aufführt. Auch wird man von einem amerikanisch verwurzelten Produkt wie von einem Hamburger oder einer Coke nicht erwarten, dass dieses Produkt in der heimischen Kultur tief verwurzelt ist und so schmeckt, wie dies einheimische Produkte tun. Im Gegenteil: Die internationalen Firmen, Marken und Produkte leben oft ja genau davon, dass sie andersartig sind, dass sie internationale Wurzeln haben und eben nicht eine lokale Provenienz aufweisen. Sie vermitteln dem Käufer oder Mitarbeiter das Gefühl, selbst kein **„konservativer Traditionalist"** zu sein, sondern ein **„interessierter Weltbürger"**. So erzählten Mitarbeiter der Firma **Wrigley**, dass sie nach dem Fall der Mauer in osteuropäischen Ländern beobachten konnten, wie Besucher eines Restaurants nach dem Essen genüsslich – und für alle sichtbar – ein Päckchen ihres Kaugummis öffneten und damit demonstrieren wollten, dass sie in der neuen Zeit angekommen seien.

<u>Exkurs</u>: Die Zukunft globaler Nationen

Wird es in Zukunft womöglich „globale Nationen" geben, Nationen also, deren Bevölkerung sich aus Menschen verschiedenster Regionen der Welt zusammensetzt und in denen die „Ureinwohner" kaum noch auffallen, geschweige „Herr im eigenen Hause" sind? Schon heute hört man auf vielen Straßen und Plätzen der Großstädte die unterschiedlichsten Sprachen, und in vielen Schulen machen Schüler ausländischer Provenienz inzwischen die Mehrheit aus. Schon heute beherrschen viele grenzüberschreitende Entwicklungen in Kultur, Produkten, Angebotsformen etc. unseren nationalen Alltag. Ulrich Beck nennt dies „Kosmopolitisierung" (Beck, Das Zeitalter der Kosmopolitisierung, FAZ 5.9.2013). Wie aber werden sich diese Vielfalt und dieses globale Zusammenwachsen von Menschen unterschiedlichster Provenienz letztlich auf den Zusammenhalt und das Selbstverständnis einer einzelnen Nation auswirken?

Auf eine solche Frage eine (end-)gültige Antwort zu finden, erscheint anmaßend oder zumindest verfrüht. Im Momente sieht es so aus, dass es in vielen Ländern nach wie vor – oder mehr denn je – starke Kräfte gibt, die die nationale Selbständigkeit verteidigen, die örtliche („Leit"-)Kultur pflegen und „ihre Heimat" trotz zunehmender Vielfalt erhalten und pflegen wollen. Aber werden solche Dämme helfen, nationale Selbständigkeit und Eigenart auf Dauer vor „fremden Einflüssen" zu bewahren?

Die Probleme sogenannter „Parallelgesellschaften", die auch gern mit dem Begriff „Multikulti" bezeichnet werden, nehmen mit der Anzahl von Menschen unterschiedlichster Nationalitäten in einem Land offenbar eher zu als ab. Dies liegt möglicherweise sowohl an der Furcht vor einer „Überfremdung" als auch an mangelhafter Anpassung der Einwanderer an die vorgefundenen nationalen Eigenarten. V. S. Naipaul, Schriftsteller und Nobelpreisträger aus Trinidad, der seit langem in England lebt und dort selbst „Ausländer" ist, hat die ganze Welt wie kein anderer bereist und darüber geschrieben. Zu diesem Problem hat er folgende Meinung: „Wenn man in ein Land auswandert, sollte man gewillt sein, die Regeln und die Ansichten und die Gesetze und die Regierung des Landes anzunehmen. Man kann nicht beides haben, man kann nicht sagen: Lass mich hierherkommen, und ich bleibe wie ich bin. Das klingt o.k., aber es funktioniert nicht" (Buchsteiner, Ein Haus für Mr. Naipaul, FAZ 31.8.2013).

In globalen Unternehmen mit Managern, Mitarbeitern und Standorten in und aus aller Welt hingegen funktioniert dieses Zusammenleben sehr gut, ja, es muss funktionieren, denn sonst könnte ein solches Gebilde auf Dauer nicht erfolgreich sein. Daher sind in diesen Firmen schon frühzeitig Anstrengungen unternommen worden, einerseits die in einem Unternehmen verlangten Leistungen und die gepflegten Werte genau zu bestimmen, zu kommunizieren, zu schützen und zu stärken und sich auf eine einheitliche Geschäftssprache zu verständigen (zumeist: Englisch), und andererseits die „diversity" – und damit die unterschiedlichen Kulturen – der weltweit rekrutierten Mitarbeiter zu respektieren und fruchtbar zu nutzen.

Diese Mitarbeiter müssen natürlich die – geschriebenen wie ungeschriebenen – Gesetze ihres speziellen Unternehmens beachten und sich an die jeweilige Firmen-Kultur anpassen. Diese wird bei Coca-Cola auch in Zukunft eine andere sein als bei Siemens, aber beide Firmenkulturen sind ihren Mitarbeitern nur allzu gut bekannt. Wer diese nicht akzeptieren und sich dieser nicht unterordnen will, wird in diesen Unternehmen kaum erfolgreich sein und sich letztlich andere Arbeitgeber suchen müssen. So wird es einem Mitarbeiter, der lange Zeit im Ausland für Coca-Cola gearbeitet hat und der dann zu Siemens wechselt, wenig nützen, darauf zu verweisen, dass in seinem alten Unternehmen eine ganz andere (internationale) Kultur geherrscht habe.

Ob derartige, global erfolgreiche Unternehmen somit auch ein Modell für „globale Nationen" sein können, ist jedoch zweifelhaft. Denn bei ersteren wird doch von „oben" bestimmt, wie man sich „unten" zu verhalten hat, während in demokratischen Staaten der Wille umgekehrt vom Volk ausgeht. Gleichwohl dienen solche Unternehmen zumindest als Beleg dafür, dass man auch in multikulturellen Gesellschaften eine gemeinsame Sprache sprechen und gemeinsame Werte festlegen muss, diese auch kommunizieren und verteidigen muss, um friedlich zusammenleben und eine gemeinsame Nation erfolgreich weiterentwickeln zu können.

Zusammenfassung

Zur Frage der Anpassung an die unterschiedlichen Kulturen kann man zusammenfassend sagen, dass im Zuge der Globalisierung nicht nur die Sortimente mehr und mehr vereinheitlicht und die Vermarktungs-Konzepte immer mehr standardisiert werden. Auch die z.T. noch sehr unterschiedlichen internationalen Firmenkulturen werden sich auf Dauer auf das relativ beste Führungsmodell hin entwickeln. Anpassungen an örtlich unterschiedliche Kulturen finden dann und nur dann statt, wenn sie notwendig und produktiv sind, d.h. wenn man mit Anpassung mehr erreicht wird als ohne. Ohnehin wird es auch in Zukunft ein weites Betätigungsfeld für national unterschiedliche Unternehmen und Produkte geben, deren Stärke genau darin liegt, dass sie eben nicht international einheitlich ausgerichtet sind. Örtliche Kulturen und internationale Ausrichtung sind somit kein Gegensatzpaar, sondern können sich durchaus gut ergänzen.

9.2 Internationale Karrieren

Die meisten Absolventen der Betriebswirtschaftslehre, die nach ihrem Studium einen adäquaten Arbeitsplatz in der Wirtschaft suchen, werden gar nicht vermeiden können, diesen in einem international tätigen Unternehmen zu finden, da solche Unternehmen am dynamischsten wachsen und am ehesten qualifizierten Führungsnachwuchs einstellen. Für diese Absolventen wird sich daher die Frage stellen, ob sie selbst eine internationale Karriere einschlagen oder an einem Platz verwurzelt bleiben sollen – wenn das überhaupt noch möglich ist. Vermutlich wird es eher so sein, dass man in internationalen Unternehmen nur dann Karriere machen kann, wenn man selbst für eine gewisse Zeit im Ausland gearbeitet hat.

Das Beherrschen einer **Fremdsprache** ist dabei das geringste Problem. **Englisch** ist bereits – ob von den Kultur-Protagonisten anerkannt oder nicht – „the one and only international language“. Statt Englisch könnte man vielleicht besser **„BSE“** dazu sagen: „**B**asic **S**imple **E**nglish“ (böse Zungen behaupten, noch besser heiße dies: „Bad Simple English“). In der Tat: Arbeitet man in einem internationalen Konzern und hat man häufig Kontakt mit Kollegen aus anderen Nationen, wird man bald feststellen, dass auch deren Englisch nicht immer das Beste ist, sich zumeist auf nur ca. 2.000 Worte beschränkt und zumeist sehr stark gefärbt ist von ihren eigenen nationalen Dialekten.

Auch wenn man in einem Land arbeiten möchte, dessen Sprache man zum Zeitpunkt der Entscheidung, dort zu arbeiten und dorthin zu übersiedeln, noch gar nicht kennt, ist dieses Problem binnen kurzer Zeit lösbar: Ausgestattet mit Grundkenntnissen dieser Sprache und seiner Grammatik, die man sich noch zu Hause aneignen kann, führen ein recht kurzer Intensiv-Sprachkurs („one-to-one“) vor Ort und der tägliche – und abendliche – Umgang mit dieser Sprache unvermeidbar dazu, dass man bald auch in dieser neuen Sprache träumt, was als bester Beweis dafür gelten kann, dass man in diesem Land und seiner

Sprache angekommen ist. Anders sieht es nur in Ländern wie **Arabien** oder **Asien** aus, wo man von vorneherein davon ausgehen muss, dass die Zeit, die man in diesen Ländern verbringt, kaum ausreichen wird, die örtliche Sprache und insbesondere seine Schriften zu erlernen. Aber da zum Beispiel die meisten Chinesen, mit denen man es im Beruf und in der Freizeit zu tun haben wird, ebenfalls Englisch (oder BSE) sprechen, ist es auch in diesen Ländern möglich, erfolgreich zu arbeiten und glücklich zu leben.

Für die private Anpassung von **„assignments“** der **„expatriates“** (oder: „expats“) im Ausland gibt es mehrere Varianten:

- Die **„Varimobiles”** behalten ihren Hauptswohnsitz im Heimatland, sind im Ausland sozusagen nur „Gäste“ und daher zwangsweise ständig am Pendeln zwischen Wohn- und Dienstsitz. Es ist logisch, dass sich eine derartige Zerrissenheit zwischen In- und Ausland kaum über einen längeren Zeitraum aufrechterhalten lässt und daher auch zumeist nur für eine vorübergehende Tätigkeit im Ausland in Frage kommt. Hinzu kommt das Problem, dass man auf diese Weise im Ausland nicht wirklich „Fuß fassen“ kann, was die Effektivität dieser Leute vor Ort oft gehörig einschränkt.

- **„Move-Mobiles”** sind Leute, die mit ihrer ganzen Familie umziehen. Die daraus erwachsenden Probleme sollen nicht geleugnet werden, werden aber zumeist überschätzt, insbesondere, wenn man auf die eigenen Kinder hört, die sich ja kaum vorstellen können, dass man überhaupt umzieht, auch z.B. nur im Inland. Es gehen dabei ja die besten Freunde und Freundinnen verloren! Oft dauert es jedoch nur wenige Tage, bis in der neuen Heimat geeigneter Ersatz gefunden und ebenso geschätzt wird. Inzwischen hilft auch das Internet, die Kontakte zu den „alten“ Freunden in der Heimat aufrecht zu erhalten. Erst später wird sich herausstellen, dass im Regelfall alle Familienagehörigen den Auslandsaufenthalt als Bereicherung ihres Lebens empfinden und auf die damit verbundenen Erfahrungen nicht mehr verzichten wollen.

- Schließlich gibt's es noch die **„LAT's”** (**L**iving **A**part **T**ogether), bei denen beide Partner an unterschiedlichen Orten leben oder arbeiten, also auch in unterschiedlichen Ländern. In Zeiten relativ loser Partnerschaften, bei denen keiner der Partner auf seine eigene Karriere und seine eigenen Gewohnheiten verzichten will, ist dies ebenfalls eine geeignete Art, einen Auslandsaufenthalt zu bewältigen. Waren früher sogenannte „Pendelehen" eher die Ausnahme, kommen sie heutzutage recht häufig vor, auch Im Inland, wobei es oft nur wenige Stunden Unterschied macht, ob beide Partner im Inland oder der eine und / oder die andere im Ausland wohnen oder arbeiten. Freitag und Sonntag abends bzw. Montag früh sind diese Leute auf allen internationalen Flughäfen anzutreffen.

- Schließlich gibt es in internationalen Konzernen gibt es noch eine ganze Reihe wirklicher **„Internationals"**, die der Reihe nach in völlig unterschiedlichen Ländern der Welt gearbeitet haben oder arbeiten, und deren Heimat buchstäblich die ganze Welt ist. Solche Internationals sind für den Erfolg internationaler Unternehmen nahezu unverzichtbar, sind sie doch wie eine Art Feuerwehr (nahezu) problemlos überall dort auf der Welt einsetzbar, „wo es brennt". Eine Heimat im engeren Sinne haben diese Leute jedoch nicht (mehr). Sie stehen am Ende ihrer beruflichen Tätigkeit oft auch vor der nicht ganz leichten Entscheidung, wo auf der Welt sie sich nun dauerhaft niederlassen sollen. Zumeist sind es die Länder, in denen sich ihre Kinder niedergelassen haben und ihre Enkel leben. Ist diese Wahl nicht vorgegeben, wurde überraschenderweise von vielen Internationals Mexiko genannt: Aber das war noch vor Beginn der dortigen Drogenkriege.

- Auf all diese international tätigen Mitarbeiter und Manager trifft daher auch der Begriff **„business gypsies"** zu. So oder so, egal, für welche Wohnform oder für welche kurz- oder langfristige internationalen Tätigkeiten man sich auch entscheidet: Hotels, Restaurants, Flughäfen und Taxis sind für diese Leute ein recht häufig frequentiertes „Zuhause".

Man kann für jede(n) Einzelne(n) somit keine wirkliche Empfehlung für oder gegen eine internationale Karriere geben, nur scheint sicher zu sein, dass ohne eine solche auch eine Karriere im Inland kaum noch möglich sein wird. Denn es macht für eine erfolgreiche Tätigkeit in einem internationalen Unternehmen eben einen Unterschied, ob man das Ausland nur vom Papier oder gelegentlichen Reisen her kennengelernt hat oder von einer längeren Tätigkeit vor Ort.

Hat man sich für eine längere Tätigkeit im Ausland entschieden, verläuft der Aufenthalt dort oft in diesen Phasen (nach Faist, Expatriation: A Personal and Professional Challenge, Vortrag am 5.7.200):

1. **Touristen-Phase** („Honey Moon")

   Diese Phase ist erfüllt von allem Neuen: Man erkundet die unbekannte Umgebung, macht „Sightseeing", lernt ausgezeichnete, auch „exotische" Restaurants kennen, gewinnt neue Kontakte oder gar Freunde, und wird vom eigenen Unternehmen zumeist noch geschont, damit man sich rasch und gut in die neue Umgebung einleben kann. Man lebt zumeist noch allein und ohne Familienanhang im Hotel oder in einem Apartment und genießt den Beginn eines neuen Lebensabschnitts.

2. **Kultur-Schock** („Probleme …")

   Nach einigen Monaten stören plötzlich die noch verbliebenen Sprachprobleme, man kann sich auch mit neuen Freunden oft nur sehr oberflächlich unterhalten. Während man in der Firma bereits gut zurechtkommt, oft auch auf Englisch, merkt man im privaten Kontakt, dass der „small talk" unter dem noch zu kleinen Wortschatz leidet. Außerdem wachsen so langsam die Anforderungen im Unternehmen, man beginnt, unter Überarbeitung zu leiden. Inzwischen erkennt man die Probleme des Unternehmens und der einem gestellten Aufgaben besser und merkt den Unterschied zur deutschen Pünktlichkeit. Man erkennt die formalen und informellen Beziehungen im Unternehmen, gewöhnt sich an ungewohnte Formen der Kommunikation und u. U. auch an einen völlig anderen Führungsstil.

   Hinzu kommen private Probleme im Alltag, seien es die bürokratischen Hürden im Ausland, ob für die Arbeits- oder Aufenthaltserlaubnis, Anmeldung zur Sozialversicherung etc., sei es die schwierige Suche nach einem dauerhaften Heim, nach einer zuverlässigen Putzfrau, nach Krippen, Kindergärten und Schulen. Man stellt fest, dass die elektrischen Anschlüsse völlig andere sind und dass der Strom hin und wieder ausfällt usw.: Mit anderen Worten: Man ist in der neuen Wirklichkeit angekommen.

3. (Kulturelle) **Anpassung**

Im Laufe der nächsten Monate hat man sich nicht nur an die Besonderheiten dieser neuen Umgebung gewöhnt, man beginnt sogar, diese zu übernehmen und gegebenenfalls sogar zu schätzen, wie zum Beispiel die Unpünktlichkeit. Man hat im Unternehmen erste Erfolge zu verzeichnen, merkt, dass man anerkannt, ja: Geschätzt wird, und beginnt sich dort wohl zu fühlen. Man hat eine schöne Wohnung, Kindergarten oder Schulen gefunden, oft nützliche „dienstbare Geister" engagiert, weiß nun, wo man gut einkaufen und essen gehen und was man in der Freizeit alles unternehmen kann.

4. **Stabilität**

Nach circa einem Jahr ist die Zeit der Eingewöhnung vorbei, man spricht die neue Landessprache fließend. Man bleibt im Ausland zwar ein „Ausländer", wird aber akzeptiert, umso mehr, als man vor Ort bemerkt, dass man sich Mühe gibt, sich an die örtlichen Gepflogenheiten anzupassen. Man ist inzwischen den Aufgaben im Unternehmen voll und ganz gewachsen und kann nun selbst Ansprüche stellen, die einem zuvor mangels Erfahrung verweigert wurden.

Man beginnt, die Probleme in der „alten Heimat", über die man früher gern – oder zwangsweise – hinweggesehen hat, plötzlich in neuer Deutlichkeit zu erkennen und ist froh, in einem völlig anderen Land mit völlig anderen Problemen zu leben. Das Heimweh allerdings bleibt erhalten, mal stärker und mal schwächer, und nach ein paar Jahren wird es entweder ganz verschwinden (dann bleibt man u.U. in diesem Land oder zieht noch einmal um), oder aber es wird so stark, dass man sich um eine Rückkehr in die alte Heimat bemüht.

5. **Heimkehr**

Eben diese Heimkehr erweist sich leider, fast möchte man sagen: Zwangsweise, als Problem. Man geht zwar zumeist mit einer verbindlichen „Rückfahrkarte“ ins Ausland, doch ist es für die Unternehmen oft sehr schwierig, genau in der Zeit einer möglichen oder erwünschten Rückkehr zu Hause einen adäquaten Job anbieten zu können, der den (gewachsenen) Erfahrungen des Kandidaten und seinen (möglicherweise übertriebenen) Erwartungen entspricht. Zumeist ist dies jedoch nur ein vorübergehendes Problem, denn früher oder später wird sich eine Aufgabe und / oder Stellung finden, in denen genau diese ausländischen Erfahrungen von größtem Nutzen sind, für das Unternehmen wie für den Kandidaten.

Zur Frage einer internationalen Karriere hat Ralf Lottermann, der bei **Mars** zunächst Controller für die Produktion war, dann im Konzern die SAP-Software eingeführt hat, Finanzchef wurde und jetzt CEO ist für Asien-Pazifik mit 10 Fabriken in Australien, China und Thailand und 6.000 der 40.000 Mitarbeiter weltweit, einmal gesagt: (Hein, Der Schokoladen-Botschafter, FAZ 10.4.2007): Den Nachteil, Deutscher zu sein, habe er in seiner internationalen Karriere nie gespürt. Man müsse natürlich gut sein und man müsse hart arbeiten. Aber da sehr viele Leute hart arbeiteten, müsse man auch flexibel sein und Risiken eingehen. Mindestens genauso wichtig seien Mentoren, Helfer oder ein Netzwerk im Inland, das einem auch im Ausland bei Bedarf hilfreich zur Seite steht und dafür sorgen kann, dass man in der Firmenzentrale nicht vergessen wird. Letztlich komme auch noch Glück hinzu: Man müsse eben zur Stelle sein, wenn sich neue Chancen ergeben und neue Jobs angeboten werden.

Zusammenfassung

Welche Voraussetzungen sollte man also für eine internationale Karriere mitbringen?

- (überdurchschnittlich) gute Leistungen (denn man schickt niemanden gern ins Ausland, der ein schlechtes Bild auf die Leistungsfähigkeit der Zentrale wirft),

- (hohe) Mobilität und Unabhängigkeit (Familie ist kein Nachteil!),
- (etwas) überdurchschnittliches Engagement,
- (auch) Mut,
- (etwas) Glück,
- (zumindest zu Beginn) "BSE"-Englisch-Kenntnisse,
- jedoch (noch) geringe Kenntnisse der Landessprache – wenn überhaupt und
- insbesondere „Interkulturelle Kompetenz", was bedeutet: Man muss sich für die kulturellen Unterschiede vor Ort interessieren, sie verstehen, sie respektieren bzw. akzeptieren, und versuchen, sich anzupassen, um auf die richtige Art und Weise (re)agieren und um mit örtlichen Mitarbeitern, Kunden, Lieferanten etc. gut zusammenarbeiten zu können.

Letztlich ist und bleibt man aber im Ausland „Ausländer" und wird als solcher auch akzeptiert – trotz (oder gerade wegen) der eigenen unterschiedlichen Kultur.

10. Ausblick

Mit diesem Blick „hinter die Kulissen des internationalen Marketing" ist gewiss nur ein ganz kleiner Ausschnitt der Probleme und Aufgaben abgehandelt, die sich im Zuge der Globalisierung für Industrie, Handel und Dienstleistungen stellen und stellen werden. Während aber international aufgestellte Unternehmen schon eine ganze Reihe von Strategien entwickelt haben, wie man die sich daraus ergebenden Chancen nützen und sich gegen die damit verbundenen Risiken schützen kann, scheinen Gesellschaft und Politik auf diese globalen Entwicklungen nach wie vor eher unvorbereitet zu sein und zumeist eher fallweise zu reagieren als diese zu antizipieren und dafür rechtzeitig geeignete Strategien und Handlungsoptionen zu entwickeln.

Ob es sich im internationalen Kontext um wirtschaftliche, politische oder militärische Probleme handelt, ob es die Folgen des Klimawandels sind oder religiöse Spannungen, ob es die Probleme der zunehmenden Migration sind oder die Frage, wie armen Ländern am besten zu helfen ist: Die von den supranationalen Organisationen wie WTO oder UN oder gar die zwischen einzelnen Nationen bilateral ausgehandelten Vereinbarungen scheinen häufig nur auf Basis des kleinsten gemeinsamen Nenners aufgebaut zu sein und daher auf recht wackligen Beinen zu stehen. Sie sind zugleich oft Anlass genug zu weiteren Konflikten. Ganz auszuschließen ist daher nicht, dass aus der „Scheibe", zu der die Welt inzwischen angeblich mutiert ist, oder aus dem „Dorf", das die ganze Welt repräsentieren soll, wieder ein ganz **normaler Erdball** wird, der sich kontinuierlich dreht und verändert und auf dem jedes Land versucht, für sich alleine die jeweils beste Lösung zu verwirklichen. Denn nach wie vor ist wohl niemand – weder die Staaten, die Unternehmen, noch die Verbraucher –, auf der Welt wirklich bereit, in gewissem Umfang Nachteile für sich in Kauf zu nehmen, wenn damit für andere (Menschen oder Staaten) größere Vorteile verbunden wären.

Gleichwohl sind viele ursprünglich rein nationale Probleme inzwischen qua Rückkopplung auch grenzüberschreitend miteinander verknüpft, so dass sich nationale Alleingänge, so sie denn überhaupt angestrebt werden, von selbst verbieten. Die internationalen Unternehmen sind da bereits einen großen Schritt weiter. Für sie ist der Markt schon längst international, auch wenn für sie dieses Parkett nach wie vor durchaus „rutschig" ist und die mit der Globalisierung verbundenen Probleme nicht immer leicht lösbar sind, manchmal sogar die eigenen nationale Existenz gefährden oder gar vernichten.

Umso wichtiger ist es, dass alle von diesen wirtschaftlichen Entwicklungen betroffenen wissenschaftlichen Disziplinen, insbesondere die Betriebswirtschaftslehre, sich in Zukunft verstärkt auch einen internationalen Mantel umhängen und alle diskutierten bzw. angebotenen Lehren unter dem Gesichtspunkt überprüfen, ob und inwieweit diese auch im internationalen Maßstab Gültigkeit haben. Jedenfalls erscheint es für die Ausbildung der Betriebswirte der Zukunft – und nur diese steht hier zur Diskussion – unverzichtbar, dass bei allen Curricula immer auch globale Aspekte mit berücksichtigt werden, sei es in Fragen der Produktion, des Einkaufs, des Marketing, des Controlling, der Finanzwirtschaft, der Personalpolitik, der Steuerlehre etc..

Was das internationale Marketing, das eng mit dem internationalen Management verknüpft ist, angeht, so hat dieser Erfahrungsbericht gezeigt, dass auch auf dem internationalen Parkett nur „mit Wasser gekocht wird" und die Vermarktung des eigenen Angebots auf der ganzen Welt – oder zumindest in den Ländern, die dafür geeignet sind – inzwischen recht gut funktioniert. Die Entscheidungen des „why to go international", des „where and when to go international" und die Regeln des „how to be international" sind in der Praxis inzwischen recht gut fundiert, auch wenn man sich angesichts der Dynamik in der Wirtschaft gut vorstellen kann, dass diese in einigen Jahrzehnten wiederum ganz anders aussehen und erneut analysiert werden müssen.

Jedenfalls verbinde ich mit dieser Arbeit – wie zuvor auch mit meinen Vorlesungen über dieses Thema – die Hoffnung, die Kenntnisse vieler Studierender über die Globalisierung und das internationale Business vergrößert und deren Interesse an internationalen Fragen gestärkt zu haben. Vielleicht entstand oder entsteht nach der Teilnahme an meinen Vorlesungen oder nach dem Lesen dieses Skriptums bei manchen Studenten oder Studentinnen sogar der Wunsch, sich selbst aktiv an der Globalisierung zu beteiligen und eine internationale Karriere anzustreben. Rückblickend auf meine eigene internationale Karriere kann ich jedenfalls bestätigen, dass sich das Leben in fremden Kulturen, die Zusammenarbeit mit Mitarbeitern und Kollegen aus aller Welt, die dabei gewonnenen Erfahrungen und die Kenntnis internationaler Zusammenhänge insgesamt sehr positiv auf mein ganzes Leben – und das meiner Familie – ausgewirkt haben.

Literaturverzeichnis

Aaker, D. A., **Joachimsthaler**, E. (1999). *The Lure of Global Branding.* Harvard Business Review

Acemoglu, D., **Robinson**, J. A. (2013). *Warum Nationen scheitern: Die Ursprünge von Macht, Wohlstand und Armut.* Frankfurt (Main) 2013

Amos Tuck School of Business, **HEC** School of Management Paris, **IMD** International Lausanne, **Templeton** College Oxford University (Hrsg.). *Mastering Global Business.* Stuttgart 1999

Ansoff, H. I. (1965). Corporate strategy, New York 1965

Bach, O. (27. Mai 2013). *Die Globalisierung frisst ihre Kinder.* Frankfurter Allgemeine

Backhaus, K., **Büschken,** J., **Voeth,** M. (2005). *International Marketing.* New York 2005

Backhaus, K., **Büschken,** J., **Voeth,** M. (2010). *Internationales Marketing.* Stuttgart 2010

Bain & Company (2004). *Die Kraft aus dem Kern. Strategien für nachhaltig profitables Wachstum.* München 2004

Balzter, S. (07. September 2009). *Diese Branche ist wie ein Sechser im Lotto.* Frankfurter Allgemeine

Bauer, E. (2002). *Internationale Marktforschung.* 3. Aufl., München/Wien 2002

Bayard, P. (2013). *Wie man über Orte spricht, an denen man nicht gewesen ist.* München 2013

Beck, U. (05. September 2013). *Das Zeitalter der Kosmopolitisierung.* Frankfurter Allgemeine

Berndt, R. (Hrsg.) (1996). *Global Management.* Berlin 1996

Berndt, R., **Fantapié Altobelli**, C., **Sander**, M. (1997). *Internationale Marketing-Politik.* Berlin/Heidelberg/New York 1997

Berndt, R., **Fantapié Altobelli**, C., **Sander**, M. (2003). *Internationales Marketing-Management.* 2. Aufl., Berlin/Heidelberg 2003

Bernstein, W. (2005). *Die Geburt des Wohlstands. Wie der Wohlstand der modernen Welt entstand.* München 2005

Bhagwati, J. (2004). *In Defense of Globalization.* New York 2004

Bhagwati, J. (2008). *Verteidigung der Globalisierung.* München 2008

Bigalke, S. (05. September 2013). *Traum oder Albtraum.* Süddeutsche Zeitung

Bigalke, S. (05. September 2013) *Von der Oase an die Quelle*. Süddeutsche Zeitung

Blanke, B. (10. August 2013). *Fehldiagnose Plagiatitis.* Süddeutsche Zeitung

B.K. (21. Februar 2014). *Henkel will nichts verpasst haben.* Frankfurter Allgemeine

Breu, C. (2002). *Der Country-of-Origin-Effekt. Determinanten und Management.* München 2002

Bronger, D. (2004). *Metropolen, Megastädte, Global Cities. Die Metropolisierung der Erde.* Darmstadt 2004

Buchsteiner, J. (31. August 2013). *Ein Haus für Mr. Naipaul.* Frankfurter Allgemeine

Burger, R. (12. Januar 1999). *Mit Kunstnamen auf dem Weg in die Zukunft. Von Avensis bis Velsatis / Warum aus Hoechst nicht Aversis wird.* Frankfurter Allgemeine

Busse, C. (13. Februar 2014). *Unheilige Allianz.* Süddeutsche Zeitung

Cag./loe. (25. März 2013*). 400.000 neue Arbeitsplätze durch Freihandel mit Japan.* Frankfurter Allgemeine

Cateora, P. R., **Graham**, J. (2012). *International Marketing.* 16th ed., Boston 2012

Che. (06. August 2009). *Deutsche Filialen in China leiden mit. Sparvorgaben aus den Zentralen in der Heimat machen ihnen zu schaffen.* Süddeutsche Zeitung

Che. (11. Februar 2014). *Burger für Vietnam. McDonald's eröffnet erste Filiale in dem asiatischen Land.* Frankfurter Allgemeine

Chomsky, N. (2000). *Profit over People. Neoliberalismus und globale Weltordnung.* Hamburg/Wien 2000

Chossudovsky, M. (2002). *Global Brutal. Der entfesselte Welthandel, die Armut, der Krieg.* Frankfurt 2002

Collier, P. (2008). *Die unterste Milliarde. Warum die ärmsten Länder scheitern und was man dagegen tun kann.* München 2008

Conradi, E. (1999). *Der Internationalisierungsprozess der Metro.* Düsseldorf 1999

Cru. (19. August 2013). *Deutsche Autos süß-sauer.* Frankfurter Allgemeine

Csc./che. (28. Januar 2014). *Morgens Gutmensch – abends Schnäppchenjäger. In Asien wächst der Druck auf westliche Modeunternehmen, die Arbeitsbedingungen in den Fabriken zu verbessern. Doch es gibt viele Hindernisse.* Frankfurter Allgemeine

Czinkota, M. R., **Ronkainen**, I. A., **Moffett**, M. H., **Moynihan**, E. O. (1998). *Global Business.* 2nd Ed., Orlando 1998

Czinkota, M. R., **Ronkainen**, I. A. (2001). *International Marketing.* 5th ed., Fort Worth et alt. 1998, 6th ed., Fort Worth et alt. 2001

Czinkota, M. R., **Ronkainen** I. A. (2001). *Best Practices in International Marketing.* Orlando 2001

Czinkota, M. R., **Ronkainen** I. A. (2001). *Best Practices in International Business.* Orlando 2001

Deaton, A. (2013). *The Great Escape.* Princeton 2013

Deckstein, D. (24. Mai 2004). *Werbung aus Kannitverstan.* Süddeutsche Zeitung

Demuth, A. (2000). *Inkognito. Immer häufiger schließen sich Firmen zusammen. Am Namen des fusionierten Unternehmens scheiden sich die Geister. Was tun?* Manager Magazin 5/2000

Dostert, E., **Hägler**, M., (17. April 2014). *"Wer schmiert, fliegt. Punkt". Die Technik des Familienkonzerns Voith steckt in Zügen, Maschinen und Wasserkraftwerken. Ein Gespräch mit Vorstandschef Hubert Lienhard über Staudämme und Bestechungsversuche.* Süddeutsche Zeitung

Douglas, S. P., **Craig**, S. C. (1995). *Global Marketing Strategy.* New York 1995

Du. (17. Oktober 2008). *Studie: Einkommen in der Welt wachsen sehr unterschiedlich.* Frankfurter Allgemeine

Du. (23. Januar 2013). *Die Arbeitslosigkeit steigt global.* Frankfurter Allgemeine

Du. (05. Dezember 2013). *Heftiger Streit in der WTO über Indiens Lebensmittelhilfen.* Frankfurter Allgemeine

Du. (09. Dezember 2013). *Deutsche Wirtschaft feiert Beschlüsse der Welthandelsorganisation.* Frankfurter Allgemeine

Du. (12. März 2014). *Lindt & Sprüngli lockt Partner. Brasilien wird Schlüsselmarkt / Gewinn legt deutlich zu.* Frankfurter Allgemeine

Du. (11. März 2014). *Großer Aufwand für die Welt und einen besseren Ruf. Vom nachhaltigen Wirtschaften reden viele Unternehmen. Auch Nestlé. Der größte Nahrungsmittelhersteller legt sich umfangreiche Selbstverpflichtungen auf, um die Lebensbedingungen zu verbessern.* Frankfurter Allgemeine

Duwendag, D. (2006). *Globalisierung im Kreuzfeuer der Kritik. Gewinner und Verlierer – Globale Finanzmärkte – Supranationale Organisationen – Job Exporte.* Baden-Baden 2006

Ehrenz, B. (18. April 2013). *Ein Wort geht um die Welt.* Die Zeit

Eutener, J., (31. März 2014). *Subway-Chef will aus alten Fehlern lernen. Neustart unter schwierigen Bedingungen / Auch Bäckereien machen heute Fast Food.* Frankfurter Allgemeine

Felbermayr, G. (20. Dezember 2013). *Was der Handelskompromiss von Bali wirklich bringt.* Frankfurter Allgemeine

Fink, P. (17. Januar 2013). *Schneller wachsen ohne Demokratie.* Die Zeit

Forrester, V. (2001). *Die Diktatur des Profits.* München 2001

Friedmann, T. L (1999). *Globalisierung verstehen. Zwischen Marktplatz und Weltmarkt.* Berlin 1999

Friese, U. (26./27.4.2014), *China - Bergstraße und zurück. Zwei Manager, zwei Kulturen, ein Unternehmen: Zhiyan Wie und Bernhard Schmitt sammeln Erfahrungen in der Welt des anderen und wissen nun, warum man in Chinatown am meisten lernen kann.* Frankfurter Allgemeine

Funke, C. (2007). *Neue Geschäftsmodelle zur Erschließung des Reichtums von Schwellenländern.* Unveröffentlichte Diplomarbeit. Bayerische Julius-Maximilians-Universität Würzburg 2007

Geg. (11. April 2013). *Die Schwierigkeiten mit der internationalen Normung.* Frankfurter Allgemeine

Geg. (19. April 2013). *Schwächelndes Europa wirft Nestlé nicht aus der Bahn.* Frankfurter Allgemeine

Geg. (23. Dezember 2013). *Zweck eines Unternehmens ist die Kundenorientierung. Fredmund Malik: Der Gewinn ist nicht das Ziel, sondern die Folge der richtigen Umsetzung.* Frankfurter Allgemeine

Ghauri, P., **Cateora**, P. (2006). *International Marketing.* 2nd ed., New York 2006

Ghemawat, P. (20007). *Redefining Global Strategy. Crossing Borders in a World Where Differences Still Matter.* Boston 2007

Giersberg, G. (30. September 2013). *Flexibilität geht zu Lasten der Effizienz.* Frankfurter Allgemeine

Giesen, C., (14. April 2014). *Suboptimal. In 15 Jahren 1500 Filialen, das war der Plan. Die Sandwich-Kette Subway wollte die meisten Fast-Food-Läden in Deutschland eröffnen. Nach der Hälfte war Schluss. Inzwischen hat das Unternehmen mal wieder einen neuen Chef, der sanftere Töne anschlägt.* Frankfurter Allgemeine

Grömling, M. (07. Juni 2013). *Unnötiger Streit über die Handelssalden.* Frankfurter Allgemeine

Gropp, M. (08. April 2013). *Durchblick im Internet.* Frankfurter Allgemeine

Güida, J. (2007). *Internationale Volkswirtschaftslehre. Eine empirische Einführung.* Stuttgart 2007

Gutmann, J., **Kabst**, R. (2000). *Internationalisierung im Mittelstand. Chancen – Risiken –Erfolgsfaktoren*. Wiesbaden 2000

Hahn, B. (2009). *Welthandel. Geschichte–Konzepte–Perspektiven*. Darmstadt 2009

Handy, C. (1995). *Die Fortschrittsfalle. Der Zukunft neuen Sinn geben*. Wiesbaden 1995

Handy, C. (1996). *Ohne Gewähr. Abschied von der Sicherheit. Mit dem Risiko leben lernen*. Wiesbaden 1996

Handy, C. (1998). *Die anständige Gesellschaft. Die Suche nach Sinn jenseits des Profitdenkens*. München 1998

Hein, C. (10. April 2007). *Der Schokoladen-Botschafter. Der Deutsche Ralf Lottermann will die Chinesen von Schokolade überzeugen*. Frankfurter Allgemeine

Hein, C. (02. Februar 2013). *Asiens Regierungen erkaufen sich Ruhe der Arbeiter.* Frankfurter Allgemeine

Hein, C., (17. April 2014). *Im Lager unserer Sklavinnen. Die Hölle der Textilindustrie liegt nicht nur in Bangladesch. Auch in Indien werden Frauen und Mädchen ausgebeutet. In den Zulieferbetrieben ist ihr Leben sogar viel schlimmer, weil dort kaum jemand hinsieht.* Frankfurter Allgemeine

Hermanns, A., **Wißmeier**, U. (Hrsg.) (1995). *Internationales Marketing-Management*. München1995

Herrmann, R. (18. Mai 2007). *Ein Deutscher in Amerika. Werner Geissler steigt bei Procter & Gamble auf.* Frankfurter Allgemeine

Hinterhuber, A. (31. Juli 2000). *Der Shareholder-Value und seine Grenzen. Aktionäre werden zunehmend illoyal, Mitarbeiter und Kunden können stabilisierend wirken.* Frankfurter Allgemeine

Hirn, W. (2005). *Herausforderung China. Wie der chinesische Aufstieg unser Leben verändert*. Hamburg 2005

Hmk. (05. September 2012). *Bilanz des Globalisierungsfonds*. Frankfurter Allgemeine

Hmk. (18. Oktober 2013*). Neuer Angriff auf „Made in Germany“.* Frankfurter Allgemeine

Hofstede, G. (1997). *Lokales Denken, globales Handeln*. München 1997

Homann, K., **Koslowski**, P., **Lütge** C. (Hrsg.) (2005). *Wirtschaftsethik der Globalisierung.* Tübingen 2005

Holtbrügge, D., (Hrsg.) (2003). *Die Internationalisierung von kleinen und mittleren Unternehmungen*. Stuttgart 2003

Horn, K. (01. März 2013). *Sklavenhalter der Zukunft.* Frankfurter Allgemeine

Horvàth, P., **Herter**, R.N. (1992). *Benchmarking – Vergleich mit den Besten der Besten.* Controlling. 3/1992

Huckemann, M., **Dinges**, A. (1998). *Euro-Preis Marketing. Wie Sie mit der richtigen Preisstrategie gewinnen.* Berlin 1998

Hummel, T. (1994). *Internationales Marketing.* München/Wien 1994

Hünerberg, R. (1994). *Internationales Marketing.* Landsberg 1994

Hünerberg, R., **Töpfer**, A. (Hrsg.) (1999). *Marketingorganisation internationaler Unternehmungen in Europa.* Wiesbaden 1999

Hutton, W., **Giddens**, A. (Hrsg.) (2001). *Die Zukunft des Globalen Kapitalismus.* Frankfurt 2001

Initiative Soziale Marktwirtschaft / Internationale Handelskammer (ICC) Deutschland (Hrsg.) (2007). *Globalisierung verstehen. Unsere Welt. Zahlen - Fakten – Analysen.* Hamburg 2007

Jpen., (13. Mai 2014) *Trendwende zu höheren Arbeitskosten in Deutschland. Anstieg liegt das dritte Jahr über Eurodurchschnitt.* Frankfurter Allgemeine

ltz. (09. Mai 2007). *Dussmann holt sich in Amerika eine blutige Nase. Dienstleister verkauft seine Überseeaktivitäten.* Frankfurter Allgemeine

ltz. (08. April 2013). *Deutsche Autohersteller weisen Chinas Kritik zurück.* Frankfurter Allgemeine

Jenner, T. (1994). *Internationale Marktbearbeitung.* Wiesbaden 1994

Jpen./ppl. (15. Januar 2014). *Deutschland hat den größten Überschuss der Welt, 200 Milliarden Euro. Wirtschaftsforscher: Niemand exportiert mehr Kapital.* Frankfurter Allgemeine

Kaminski, H., **Eggert**, K., **Koch,** M. (o.J.) *Globalisierung*, 3. Aufl., Düsseldorf

Kaplan, R. S., **Norton**, D. P. (1997). *Balanced Scorecard. Strategien erfolgreich umsetzen.* Stuttgart 1997

Keegan, W. J., **Schlegelmilch**, B. B. (2001). *Global Marketing-Management. A European Perspective.* 6th ed., Harlow 2001

Keegan, W. J., **Schlegelmilch**, B. B., **Stöttinger**, B. (2002). *Globales Marketing-Management.* München/Wien 2002

Keller, T. (2005). *Produkte am globalen Markt. Nahrungsmittelhersteller zwischen Standardisierung und kultureller Anpassung.* Münster 2005

Kieninger, M., **Lips**, T. (22. Juli 2013). *Auf dem Weg zum globalen Unternehmen.* Frankfurter Allgemeine

Klein, N. (2001). *No Logo! Der Kampf der Global Players um Marktmacht. Ein Spiel mit vielen Verlierern und wenigen Gewinnern*. 4. Aufl., München 2001

Kleinert, J. (2004). *The Role of Multinational Enterprises in Globalization*. Berlin/Heidelberg 2004

Kno. (27. Januar 2000). *Coca-Cola will sich von rund 6000 Mitarbeitern trennen. 813 Millionen Dollar Abschreibungen auch Abfüllbetriebe und Inventurbestände / Umstrukturierungen.* Frankfurter Allgemeine

Kno., (21. März 2014). *Dax-Konzerne erleiden erhebliche Währungsverluste. Unter dem Strich ist der Umsatz deshalb in den vergangenen Jahren gesunken.* Frankfurter Allgemeine

Koch, H. (2007). *Soziale Kapitalisten. Vorbilder für eine gerechte Welt.* Berlin 2007

Kno. (09. Oktober 2013). *Eiliges iPhone sucht seinen Käufer.* Frankfurter Allgemeine

Knop, C. (13. Mai 2014). *Die Illusion der Fusion unter Gleichen.* Frankfurter Allgemeine

Kön. (06. September 2004). *Autokonzerne mit weniger Marken sind die Gewinner. „Fokussierte“ Hersteller verdienen deutlich mehr als breit aufgestellte Unternehmen.* Frankfurter Allgemeine

Kön. (16. Oktober 2013). *Siemens kassiert Löscher-Entscheidungen.* Frankfurter Allgemeine

Kön. (22.4.2014). *In geheimer Mission im Markenuniversum. Der Schutz glanzvoller Namen und neuer Wortkreationen ist ein diskretes Geschäft. Denn die Bedeutung von Markenrechten nimmt immer weiter zu. Sie haben einen hohen Wert für Unternehmen.* Frankfurter Allgemeine

Kotler, P., **Bliemel**, F. (1999). *Marketing-Management. Analyse, Planung, Umsetzung und Steuerung*. 9. Aufl., Stuttgart 1999

Kulhavy, E. (1993). *Internationales Marketing*. 5. Aufl., Linz 1993

Kutschker, M., **Schmid**, S. (2011). *Internationales Management.* 7. Aufl., München/Wien 2011

Läsker, K. (24. März 2014). *Saubere Schiffe. Verbraucher müssen kaum mehr bezahlen, wenn Produkte künftig mit umweltfreundlichen Frachten transportiert werden.* Süddeutsche Zeitung

Landes, D. (1999). *Wohlstand und Armut der Nationen. Warum die einen reich und die anderen arm sind.* Berlin 1999

Lange, M. (2003). *Globalisierung und Internationales Marketing. Wer treibt wen?* Jahrbuch der Absatz- und Verbrauchsforschung 2/2003

Lange, M. (2004). *Stellschrauben und Stolpersteine des Globalen Marketing.* Jahrbuch der Absatz- und Verbrauchsforschung, (2/2004)

Lange, M. (2004). *The Key Drivers of Globalization.* Jahrbuch der Absatz- und Verbrauchsforschung, (3/2004)

Levitt, T. (1983). *The Globalization of Markets.* Harvard Business Review, (3/1983)

Lib. (05. November 2011). *Noch wirtschaften die Deutschen nicht allzu nachhaltig. Unternehmen setzen mehr oder weniger auf den Staat / Nachhaltigkeitstag in Düsseldorf.* Frankfurter Allgemeine

Lid., (3. April 2014). *Steve Jobs rief „Heiligen Krieg gegen Google aus.* Frankfurter Allgemeine

Liebrich. (25. Oktober 2013). *Schöngerechnet.* Süddeutsche Zeitung

loe. (18. Januar 2013). *OECD will Handel anders berechnen.* Frankfurter Allgemeine

loe. (17. Juni 2013). *Vom Freihandel profitieren vor allem die Amerikaner.* Frankfurter Allgemeine

loe. (01. Oktober 2013). *Apple überrundet Coca-Cola.* Frankfurter Allgemeine

McLuhan, M., **Powers**, B. R. (1995). *The Global Village. Der Weg der Mediengesellschaft in das 21. Jahrhundert.* Paderborn 1995

Macharzina, K. (1999). *Unternehmensführung. Das internationale Managementwissen. Konzepte – Methoden – Praxis.* 3. Aufl.. Wiesbaden 1999

Mander, J., **Goldsmith**, E. (2004). *Schwarzbuch Globalisierung. Eine fatale Entwicklung mit vielen Verlieren und wenigen Gewinnern.* München 2004

Martin, H., **Schumann**, H. (1999). *Die Globalisierungsfalle. Der Angriff auf Demokratie und Wohlstand.* Hamburg 1999

Mas. (23. April 2013). *CDU-Wirtschaftsrat fordert mehr Vorbilder.* Frankfurter Allgemeine

Meffert, H., **Bolz**, J. (1998). *Internationales Marketing-Management.* 3. Aufl., Stuttgart 1998

Meffert, H., **Burmann**, C., **Becker**, C. (2010). *Internationales Marketing-Management. Ein markenorientierter Ansatz.* 4. Aufl., Stuttgart 2010

Meissner, H. (1995). *Strategisches Internationales Marketing.* 2. Aufl., München u.a.1995

Michler, I. (26. Juni 2011). *Die Globalisierung steht erst ganz am Anfang. Noch heute sind die meisten Volkswirtschaften binnenorientiert, sagt der Ökonom Pankaj Ghemawat. Das gelte selbst für Deutschland.* Welt am Sonntag

Meyer, A., **Davidson** H. J. (2001). *Offensives Marketing.* Freiburg 2001

Mrusek, K. (09. Dezember 2004). *Qualität ist für uns wichtiger als Swissness. Mit dem Konzernchef des Schokoladenherstellers Lindt & Sprüngli sprach Konrad Mrusek.* Frankfurter Allgemeine

Mühl, M. (27. Juni 2013). *Die Nasenform des neuen Menschen.* Frankfurter Allgemeine

Müller, S., **Kornmeier**, M. (2000). *Internationale Wettbewerbsfähigkeit. Irrungen und Wirrungen der Standort-Diskussion.* München 2000

Müller, S., **Gelbrich**, K. (2004). *Interkulturelles Marketing.* München 2004

Münderlein, J., **Welzel**, M. (Hrsg.) (2006). *Corporate Social Responsibility (CSR). Erfolgsfaktor für den Mittelstand.* München 2006

Neubert, M. (2008). *Internationale Markterschließung. Vier Schritte zum Aufbau neuer Auslandsmärkte.* 2. Aufl., München 2008

Nieschlag, R., **Dichtl**, E., **Hörschgen**, H. (1968). *Einführung in die Lehre von der Absatzwirtschaft.* Berlin 1968

Nks. (25. Februar 2014). *Die Konsumenten lieben Coca-Cola nicht mehr.* Frankfurter Allgemeine

Noack, H. (16. Januar 2006). *In Zeiten steten Wandels gibt es keine endgültigen Glaubenssätze. Burkhard Schwenker, Sprecher von Roland Berger Strategy Consultants, über Führungsfähigkeiten und Veränderungsbereitschaft.* Frankfurter Allgemeine

Oldenkotte, K. (2010). *Preisliche Auswirkungen des Country-of-Origin. Theoretische und empirisch experimentelle Analysen.* Nürnberg 2010

Osterhammel, J., **Peterson,** N. P. (2004). *Geschichte der Globalisierung.* 2. Aufl., München 2004

o.V. (25. April 2003). *Fielmann will nun auch in Westeuropa stärker Fuß fassen. Expansion aus eigener Kraft / 2003 soll der Vorjahrsrekord übertroffen werden / Höhere Dividende.* Frankfurter Allgemeine

o.V. (31. März 2004). *Beiersdorf will in zehn Jahren den Umsatz verdoppeln. Nach Klärung der Eigentumsverhältnisse herrscht wieder Aufbruchstimmung / Rendite soll gehalten werden.* Frankfurter Allgemeine

o.V. (31. März 2004). *Oetker trotzt dem Konsumklima. Selbst in Deutschland gewachsen/ Hohe Ertragskraft.* Frankfurter Allgemeine

o.V. (31. Juli 2007). *Mit Konfuzius und Coca-Cola zur Weltharmonie.* Frankfurter Allgemeine

o. V. (06. Oktober 2009). *Deutsche Filialen leiden mit, Sparvorgaben aus den Zentralen in der Heimat machen ihnen zu schaffen.* Süddeutsche Zeitung

o. V. (04. Dezember 2012). *Grüne Industrie ist reine Phantasie, ein Gespräch mit Denis Meadow.* Frankfurter Allgemeine

o.V. (08. Februar 2013). *Der Königsmörder.* Autobild

o.V. (04. April 2013). *Entwicklungshilfe von OECD-Ländern 2012.* Frankfurter Allgemeine

o.V. (10. Mai 2013). *Ohne Anschnallgurt in den Freihandel.* Frankfurter Allgemeine

o.V. (03. Oktober 2013). *Von Pekings Gnaden.* Frankfurter Allgemeine

o.V. (22. August 2013). *Peking setzt westliche Firmen unter Druck.* Frankfurter Allgemeine

o.V. (07. Februar 2014). *Coca-Cola steigt ins Geschäft mit Kaffeekapseln ein.* Frankfurter Allgemeine

Perlitz, M. (2000). *Internationales Management.* 4. Aufl., Stuttgart 2000

Perlmutter, H. V. (2004). *The Tortuous Evolution of the Multinational Corporation. Columbia Journal of World Business.* 4/1969, zitiert nach Kutschker/Schmid. *Internationales Management.* 3. Aufl., München / Wien 2004

Phillips, C., **Pruyn**, A., **Kestemont**, M. (2000). *Understanding Marketing. A European Casebook.* West Sussex 2000

Pieper, N. (22. April 1999). *Analysten an die Macht. Wie 30jährige Experten die Spielregeln in der deutschen Wirtschaft verändern.* Die Zeit

Pinzler, P. (17. Januar 2013). *Gutes Leben neu berechnet.* Die Zeit

Plickert, P. (23. September 2013). *Neues von der Basarökonomie.* Frankfurter Allgemeine

Plickert, P. (20. Dezember 2013). *Stockt die Globalisierung? Handelsdichte und Kapitalverflechtungen sind geringer als vor der Krise – das Potential bleibt hoch.* Frankfurter Allgemeine

Potrafke, N. (13. Januar 2014). *Das Zerrbild der Globalisierung.* Frankfurter Allgemeine

Ppl. (17. Juli 2013). *WTO beklagt Handelsbarrieren. Standards wirken protektionistisch / Viele Grauzonen.* Frankfurter Allgemeine

Prahalad, C. (2010). *The Fortune at the Bottom of the Pyramid. Eridicating Poverty Through Profits.* 5th ed., Prentice Hall 2010.

Preuß, S. (21 Mai 2002). *In jedem Jahr gründen wir zwei Auslandsgesellschaften.* Frankfurter Allgemeine

Prüfer, T. (07. April 2000). *Die unerträgliche Leichtigkeit des Scheins. Nonsensnamen verdrängen Marken. Viele Unternehmen taufen sich um und finden das modern: ein teurer Spaß, der nichts einbringt.* Financial Times Deutschland

Pufé, I. (2012). *Nachhaltigkeit.* München 2012

Pümpin, C., **Amann**, W. (2005). *SEP. Strategische Erfolgspositionen: Kernkompetenzen aufbauen und umsetzen.* 2005

Pwe. (30. September 2009). *Schindler steht in Japan weiter am Pranger.* Frankfurter Allgemeine

Pwe. (01. November 2013). *Washington wirft Deutschland „blutarme Binnennachfrage" vor.* Frankfurter Allgemeine

Rodrik, D. (2011). *Das Globalisierungs-Paradox. Die Demokratie und die Zukunft der Weltwirtschaft.* München 2011

Rubin, J. (2010). *Warum die Welt immer kleiner wird. Öl und das Ende der Globalisierung.* München 2010

Ruhkamp, C. (16. Juli 2010). *Küchen aus Ostwestfalen für Schanghai.* Frankfurter Allgemeine

Quack, H. (1995). *Internationales Marketing. Entwicklung einer Konzeption mit Praxisbeispielen.* München 1995

Rappaport, A. (1998). *Shareholder Value. Ein Handbuch für Manager und Investoren.* Aus dem Amerikanischen von Wolfgang Klien. 2. Aufl., Stuttgart 1998

Ricardo, D. (1817). *On the Principles of Political Economy and Taxation*, 1817, zitiert nach: Kutschker, M. / Schmid, (2011). *Internationales Management.* 7. Aufl., München/Wien 2011

Rike. (02. August 2013). *Exporteure stoßen zunehmend auf Hindernisse.* Frankfurter Allgemeine

Rike. (03. Dezember 2013). *Arbeitskosten in Deutschland überdurchschnittlich gestiegen.* Frankfurter Allgemeine

Ritter, J. (01. April 2003). *Oetkers Eier.* Frankfurter Allgemeine

Ritter, J. (16. September 2013). *Volkswagen bastelt am Billigauto.* Frankfurter Allgemeine

Ritter, J., Ruhkamp, C., (24. März 2914).*Volkswagen wagt sich an das Billigauto. Der Markt für günstige Autos wächst. Nun will auch VW mitmischen. Die 13. Marke des Konzerns soll in China vom Band laufen. Aber kann VW überhaupt billig?* Frankfurter Allgemeine

Ritzer, G. (2005). *Die Globalisierung des Nichts.* Konstanz 2005

Ritzer, G. (1995). *Die McDonaldisierung der Gesellschaft.* Frankfurt 1995

Rodrik, D. (2011). *Das Globalisierungs-Paradox. Die Demokratie und die Zukunft der Weltwirtschaft.* München 2011

Rorsted, K. (16. Dezember 2008). *Die Schwerkraft der Globalisierung.* Frankfurter Allgemeine

Roß, J. (2008). *Was bleibt von uns. Das Ende der westlichen Weltherrschaft.* Berlin 2008

Samuelson, P. A. (2001). *A Ricardo-Sraffa Paradigm. Comparing Gains from Trade in Inputs and Finished Goods.* Journal of Economic Literature, (12/2001)

Samuelson, P. A. (2004). *Where Ricardo and Mill Rebut and Confirm Arguments of Mainstream Economists Supporting Globalization.* Journal of Economic Perspective, (3/2004)

Schäfer, A. (13. April 2000). *Erhebliche Vorbehalte. Alle wollen Shareholder Value schaffen. Doch von einem systematischen Wertmanagement sind die meisten deutschen Unternehmen noch meilenweit entfern.* Wirtschaftswoche

Schäfer, U. (31. Oktober 2011). *Logisch – aber schwer umzusetzen.* Frankfurter Allgemeine

Schäfer, U. (14. Juni 2013). *Globale Zweifel.* Süddeutsche Zeitung

Scharrenbrock, C. (03. Januar 2014). *Zuverlässig und ohne Schnickschnack. Schwellenländer sind mit hochentwickelten Produkten oft schwer zu erobern. Immer mehr Hersteller reagieren deshalb auf dortige Bedürfnisse.* Frankfurter Allgemeine

Scherm, E., **Süß**, S. (2001). *Internationales Management.* München 2001

Schlosser, E. (2002). *Fast Food Gesellschaft. Die dunkle Seite von McFood & Co.*, München 2002

Schmid, S., **Keim,** G. (2013). *Global erfolgreich.* Markenartikel, (3/2013)

Schmid, S. (2007). *Strategien der Internationalisierung. Fallstudien und Fallbeispiele.* 2. Aufl., München 2007

Schmid, S. (Hrsg.) (2009). *Management der Internationalisierung.* Wiesbaden 2009

Schön, W. (12. April 2013). *Das große internationale Steuer-Spiel.* Frankfurter Allgemeine

Scholz, C., **Zentes**, J. (1995). *Strategisches Euro- Management.* Stuttgart 1995

Schubert, C. (05. November 2011). *Bill Gates mahnt auf dem Gipfel in Cannes zu mehr Entwicklungshilfe.* Frankfurter Allgemeine

Sennet, R. (1998). *Der flexible Mensch. Die Kultur des neuen Kapitalismus.* Berlin 1998

Simon, H. (15. Oktober 2012). *Deutschlands Stärke hat 13 Gründe.* Frankfurter Allgemeine

Spiegel Special (International Edition) (2005). *Globalization. The New World.* Hamburg 2005

Spiegel Special, Made in Germany (2008). *Wie die deutsche Wirtschaft durch die Globalisierung gewinnt.* Hamburg 2008

Sprenger, R. K. (1996). *Das Prinzip Selbstverantwortung. Wege zur Motivation.* 4. Aufl., Frankfurt/Main/New York 1996

Sprenger, R. K. (2005). *Der dressierte Bürger. Warum wir weniger Staat und mehr Selbstvertrauen brauchen.* Frankfurt/Main 2005

Stach, M. (2000). *Volle Konzentration auf die Power Brands.* Markenartikel, (4/2000)

Stach, M. (2002). *Controlling of Brand Portfolios. GEM- Markendialog.* Wiesbaden 2002

Stahr, G. (1993). *Internationales Marketing.* 2. Aufl., Ludwigshafen 1993

Steltzner, H. (31. Oktober 2009). *Der beste Klimaschutz.* Frankfurter Allgemeine

Steltzner, H. (06. März 2014). *Dummer Exportweltmeister.* Frankfurter Allgemeine

Stieglitz, J. E. (2002). *Die Schatten der Globalisierung.* München 2002

Stieglitz, J. E. (2003). *Die Roaring Nineties. Der entzauberte Boom.* Berlin 2003

Storn, A. (13. Februar 2014). *16 Uhr London. Weltweit hegen Behörden einen Verdacht. Banken sollen die Wechselkurse von Währungen manipuliert haben. Geht das überhaupt?* Die Zeit

Sup., (20. März 2014). *Bosch will es den Handwerkern einfach machen. Der Marktführer für Elektrogeräte versucht sich als Problemlöser zu positionieren.* Frankfurter Allgemeine

Swoboda, B., **Löwenberg**, M. (2010). *Die weltweite Nachhaltigkeitsinitiative „Qualität & Verantwortung" und das Konzept „Performance based on Sustainability". Das Beispiel Henkel.* Düsseldorf 2010

Teusch, U. (2004). *Was ist Globalisierung? Ein Überblick.* Darmstadt 2004

Theu./now. (17. April 2014). *Starbucks will kein Steuerschinder mehr sein. Die Kaufhauskette aus Amerika verlegt nach heftigen Protesten ihre Europazentrale aus den Niederlanden nach London. Und zahlt dort in Zukunft mehr Steuern.* Frankfurter Allgemeine

Uchatius, W. (16.12. 2010). Das Welthemd, Der Modekonzern H&M tritt gegen Ausbeutung ein. Und doch verkauft er Kleidung für ein paar Euro. Wie kann das sein? Eine Suche nach dem Geheimnis des billigen T-Shirts. *Die Zeit*

Weishaupt, G. (04.10.1999). *Nomen est Omen auch nach der Fusion. Spezialagenturen verdienen an Merger-Mania.* Handelsblatt

Welge, M. K., **Holtbrügge**, D. (2001). *Internationales Management.* 2. Aufl., Landsberg 2001

Welzel, C. (2006). *Wertewandel in der westlichen Welt. Ergebnisse einer aktuellen Studie in neun Ländern*. Bericht der GfK-Tagung. Nürnberg 2006

Werner, G. (2013). *Womit ich nie gerechnet habe. Die Autobiographie*. Berlin 2013

Werner, K., **Weiss**, H. (2003). *Das neue Schwarzbuch Markenfirmen. Die Machenschaften der Weltkonzerne*. 6. Aufl., Wien/Frankfurt/M. 2003

Zentes, J., **Swoboda**, B., **Morschett**, D. (2004). *Internationales Wertschöpfungs- Management*. München 2004

Zentes, J., Swoboda, B., Schramm-Klein, H. (2010). *Internationales Marketing*. 2. Aufl., München 2010

Zentes, J., **Swoboda**, B. (Hrsg.) (2000). *Fallstudien zum Internationalen Management. Grundlagen – Praxiserfahrungen – Perspektiven.* Wiesbaden 2000

Zentes, J., **Swoboda**, B. (Hrsg.) (2000). *Fallstudien zum Internationalen Marketing. Instructor's Manual.* Saarbrücken 2000

Zentes, J., **Swoboda**, B. (Hrsg.) (1998). *Globales Handelsmanagement. Voraussetzungen – Strategien – Beispiele.* Frankfurt am Main 1998

Ziemann, M. (1999). *Internationalisierung der Ernährungsgewohnheiten in ausgewählten europäischen Ländern.* Frankfurt am Main 1999

Liste externer Referenten

14.07.2000 **Dr. Thomas Andresen**, Managing Director, **ICON** Brand Navigation, Nürnberg: „Internationalization of Local Brands"

21.07.2000 **Ralf Bickelmann**, Senior Vice President European Trade Management, **Henkel** KGaA, Düsseldorf: „How to Sell to International Customers"

13.07.2001 **Axel Thies**, Member of the Board of **Eckes** AG, Nieder-Olm: „Eckes Alcoholic Drinks – a Case of a Successful Multidomestic Strategy (vs. Global Strategies)"

01.07.2002 **Joseph Gross**, Head of Strategic Brand Management, **Allianz**-Versicherung-AG, München: „Strategy of International Branding"

27.05.2002 **Thomas Bachl**, CEO, **GfK** Panel Services Consumer Research, Nürnberg: „International Market Research"

19.05.2003 **Franz-Josef Lange**, Division Manger, **GfK** Panel Services Consumer Research, Nürnberg: „International Market Research"

02.06.2003 **Dr. Werner Casper**, Senior Vice President International Coordination / Business Development, **Paul Hartmann** AG, Heidenheim: „The Internationalization of Paul Hartmann AG"

02.06.2003 **Anja Faist**, Wien: „Expatriation: A Personal and Professional Challenge"

10.05.2004 **Dr. Hans-Henning Wiegmann**, CEO, **Henkell & Söhnlein** Sektkellereien KG, Wiesbaden: „Why and How to Go International"

07.06.2004 **Alexandra Stein**, Business Manager, **GfK** AG, Nürnberg: „BMW: Evaluation of Brand Potential in Foreign Markets"

05.07.2004 **Anja Faist**, Wien: „Expatriation: A Personal and Professional Challenge"

07.06.2005 **Werner Winkler**, Geschäftsführer, **GfK** Marketing Services GmbH & Co. KG, Nürnberg: „Insights into International Marketing Research"

27.06.2005 **Stefan Pfander**, Vice President International, **Wrigley** München-Unterhaching: „Expanding Wrigley into the World"

21.05.2007 **Gerhard R. Schöps**, Vorstand Marketing und Öffentlichkeitsarbeit, **McDonald's** Deutschland Inc., München: „Local Relevance – Das Phänomen McDonald's – Wie global ist McDonald's?"

18.06.2007 **Dr. Ulrich Wittig,** Bremen: „Philadelphia – ein Beispiel für „Best of Global – Best of Local"

23.01.2009 **Dr. Oliver Nickel,** Managing Director, Member of the Executive Board, **ICON** Added Value GmbH, Nürnberg: „Vom Markennavigieren in Internationalen Gewässern"

30.01.2009 **Dr. Ulrich Wittig,** Bremen: „Philadelphia – ein Beispiel für Best of Global – Best of Local"

27.11.2009 **Michael Durach**, Geschäftsführender Gesellschafter der **Develey** Senf & Feinkost GmbH, München-Unterhaching: **„**Die Internationalisierung eines Mittelständlers: Chancen und Risiken"

28.01.2011 **Uwe Hellmann**, Leiter Brand Management Group Communications, **Commerzbank** AG, Frankfurt a. M.: „Ein Name. Ein Zeichen. Eine Bank. Die neue Marke Commerzbank"

13.01.2012 **Dr. Hans-Henning Wiegmann**, Sprecher der Geschäftsführung der **Henkell & Söhnlein** Sektkellereien KG, Wiesbaden, und Mitglied des Beirats der **Oetker**-Gruppe, Bielefeld: „Die Internationalisierung der Henkell–Söhnlein–Gruppe"

25.01.2013 **Thomas Hinderer**, President and CEO **Eckes-Granini** Group GmbH, Nieder-Olm: „Die Internationalisierungs-Strategie(n) der Eckes-Granini-Gruppe"

Weitere Veröffentlichungen des Autors

Konsumentensouveränität und Konsumfreiheit. *Markenartikel.* (zus. Mit B. Treis).September 1972

Preisbildung bei neuen Produkten. Berlin 1972

Rieker & Sohn. Fallstudie Nr. 10. *Fallstudien zum Marketing. Teil 1: Entscheidungssituationen.* hrsg. von E. Dichtl, Berlin 1973,

Lösungsskizze zu Fallstudie 10. *Fallstudien zum Marketing, Teil 2: Lösungsskizzen.* hrsg. von E. Dichtl, Berlin 1973

Preisbereitschaft der Konsumenten. *Markenartikel.* (4/1973)

Neue Produkte – neue Preise? *Lebensmittelzeitung.* (24/1973)

Test von Produkten und Preisen. *Management-Enzyklopädie.* Band 9. München 1974

Entscheidungsorientierte Absatztheorie. *Handwörterbuch der Absatzwirtschaft.* Band IV. Stuttgart 1974

Preispolitik bei Dienstleistungen. *Marketing-Enzyklopädie.* Band 2. München 1975

Preisstrategie für neue Produkte. *Absatzwirtschaft*, (10/1974). *Material-Management, Journal für Führungskräfte im Bereich Materialwirtschaft.* (8/1974)

Marketing-Kontrolle: Konjunktur für Controller. *Absatzwirtschaft*, (10/1975). (ins Holländische übersetzt und nachgedruckt: De Marketing Controller. *PEM-Dossiers.* (7/1975-1976)

Preisbildung als Entscheidungsproblem. *WiSt - Wirtschaftswissenschaftliches Studium.* (3/1975)

Marketing-Controlling, oder: Wie eine heilige Kuh geschlachtet wird. *Controller-Magazin.* (4/1976)

Preispolitik. *Grundzüge des Marketing.* hrsg. von L. Poth. Band 2. Neuwied 1976

Die sieben Todsünden des Vertreters im Verkauf. *Textil-Wirtschaft.* (38–44/1978)

Marketing-Controlling, Ovvero: Come si Abbatte un Mostro Sacro. *Promozione.* (5/1979)

Auch Mode braucht Marketing. *Textil-Wirtschaft.* (25 und 26/1980)

Ein Dressurakt mit Individualisten – Planung und Steuerung des Außendienst-Einsatzes. *Blick durch die Wirtschaft.* 7.3.1983

Preise, immer nur Preise. *Lebensmittelzeitung.* (35/1983)

Konditionen, immer nur Konditionen. *Lebensmittelzeitung.* (36/1984)

Essen soll Spaß machen. *Lebensmittelzeitung.* (41/1987)

Äpfel und Birnen. *Lebensmittelzeitung.* (20/1988)

Abstimmungsprozesse zwischen Industrie und Handel. *Lebensmittelzeitung.* (42/1990)

Umweltschutz gibt es nicht zum Nulltarif. *Wirtschaftsdienst der IHK Heilbronn.* (48/1992)

Rabattpolitik, Vertikales Marketing im sich ändernden Umfeld. hrsg. von W. Irrgang. München 1993

Weichen stellen. *Jahrbuch der Ernährungswirtschaft.* Neuwied 1993

Neue Produkte, neue Arbeit: Welche Chancen bestehen auf tradierten Märkten, am Beispiel eines Nahrungsmittelkonzerns. *IHK Fulda - Jahresbericht.* Fulda 1995

Strategische Führung und Kontrolle mit Balanced Scorecard, Vision und Wirklichkeit, Neue Führungskonzepte in der Praxis. *MMM-Dokumentation.* 1996

Convenience-Shopping: Megatrend und Wertewandel. *Convenience Shop.* (9/1997)

Strategien zum Wachstum gesucht. *Frankfurter Allgemeine.* 6.Oktober 1997

Vor neuen politischen Gefahren für die Werbewirtschaft? *ZAW-Edition.* Bonn 1998

Bedrohte Werbefreiheit ist bedrohte Pressefreiheit. *Forum. hrsg. vom Institut der Deutschen Wirtschaft.* Köln 24 November 1998

50 Jahre Selbstverantwortung der deutschen Werbewirtschaft. *50 Jahre Zukunft der Werbung. hrsg. vom Zentralverband der deutschen Werbewirtschaft (ZAW) e.V.,* Bonn 1999

Der Kunde ist das Maß aller Dinge, *Der Bäckermeister*, (20/1999)

Legale Werbung für legale Produkte. *Eurosport-Corner.* (5-6/1999)

Aufbruch in die Zukunft. ZAW-Präsident Dr. Manfred Lange zieht Bilanz über 50 Jahre und die Rolle des Verbands im gemeinsamen Europa. *Horizont-Magazin.* 20.5.1999

Innovationserfolge in der Markenpolitik trotz einer Inflation an neuen Produkten, *Erfolgsfaktor Marke - Neue Strategien des Markenmanagements*. hrsg. von R. Köhler u.a., München 2001

BSE und der Handel: Vom „Trading-down“ zum „Trading up“? *Thexis - Zeitschrift für Marketing*. (3/2001)

Verwirrende Vielfalt. *Lebensmittelreport*. (10/2003)

Globalisierung und Internationales Marketing: Wer treibt wen? *Jahrbuch für Absatz- und Verbrauchsforschung*. (2/2003)

Warum verwirrte Konsumenten lieber bei ALDI einkaufen. *Markenartikel*. (6/2003)

Studenten an die Projekte! *Markenartikel*. (4/2004)

Die „Stellschrauben“ und „Stolpersteine“ des globalen Marketing. *Jahrbuch für Absatz- und Verbrauchsforschung*. (2/2004)

Studenten statt Berater. *FGM Aktuell*. (2/2004)

The Key Drivers of Globalisation and International Marketing. *Yearbook of Marketing and Consumer Research*. (2/2004)

Der Discounter – der ungeliebte (Top-) Kunde. Rudolph, Th., Schweizer, M., *Discountreport*. St. Gallen 2005

FSC
www.fsc.org
MIX
Papier aus verantwortungsvollen Quellen
Paper from responsible sources
FSC® C105338